享·瘦

21天健康饮食习惯瘦身法

刘松丽 著

中国妇女出版社

图书在版编目（CIP）数据

享·瘦：21天健康饮食习惯瘦身法 / 刘松丽著. ——
北京：中国妇女出版社，2020.7
　　ISBN 978-7-5127-1849-4

　　Ⅰ.①享… 　Ⅱ.①刘… 　Ⅲ.①减肥－食谱 　Ⅳ.
①TS972.161

中国版本图书馆CIP数据核字（2020）第034776号

享·瘦——21天健康饮食习惯瘦身法

作　　者：刘松丽　著
责任编辑：陈经慧
封面设计：尚世视觉
责任印制：王卫东
出版发行：中国妇女出版社
地　　址：北京市东城区史家胡同甲24号　　　邮政编码：100010
电　　话：（010）65133160（发行部）　　　65133161（邮购）
网　　址：www.womenbooks.cn
法律顾问：北京市道可特律师事务所
经　　销：各地新华书店
印　　刷：三河市祥达印刷包装有限公司
开　　本：150×215　1/16
印　　张：18.5
字　　数：230千字
版　　次：2020年7月第1版
印　　次：2020年7月第1次
书　　号：ISBN 978-7-5127-1849-4
定　　价：49.80元

　　减重方法形形色色、各式各样，实在太多了！有些减重方法剑走偏锋，比较极端，例如，不让吃任何主食类或含糖类的食物，然后推荐吃很多鸡蛋、肉类等高蛋白食物，有的甚至还要求吃很多油脂或油脂加工品；要求断食或禁食，每天只允许吃很少一点点食物或代餐，甚至只喝一点点果蔬汁；通过外科手术把胃切掉大部分的"缩胃减肥"也是常见的极端减肥方式之一。这些减重方法追求快速见到减肥效果，就难免要伴随较多不良反应，有时甚至要付出健康代价。它们只适用于某些特殊情况，如病态肥胖、伴有糖尿病、住院治疗等，不宜推而广之。适合推而广之的减重方法不但要有效，还要安全不伤身体。作为长期从事临床营养工作的专业人员，我知道其中最有代表性、教科书式的减重方法是"限能量平衡饮食"，该种方法适用于绝大多数肥胖者，尤其是那些本身不是很胖或不胖但想苗条一些的减肥者。

　　限能量平衡饮食减重法其实就是众所周知的健康生活方式"六字诀"——"管住嘴，迈开腿"！其原理非常简单，就是减少饮食能量（卡路里）摄入，增加运动能量消耗。但落实起来并不是很容易，因为减肥者要对抗长期以来养成的"吃多动少，吃动不平衡"状态。如何才能做到呢？传统方法是计算食物摄入和运动消耗的能量，并且加以控制。我们在实践中发现，这对减肥者来说，未免有些繁琐和难以掌握，不容易落地执行。在刘松丽老师的带领下，我们追根溯源，既然肥胖是长期生活习惯不健康造成的，那么何不直接去纠正这些不健康的习惯，建立新的健康生活习惯呢？于是就有了本书倡导的"习惯减肥法"。它是一套建立并养成健康饮食习惯和生活习惯，纠正不健康饮食习惯和生活习惯的方法，并应用于减重实践。

这几年，刘松丽老师用"习惯减肥法"指导数以万计的肥胖者减重，收到了很好的效果和大量的反馈，积累了丰富的实战经验。在我的建议下，她整理并编纂成此书，以指导更多的读者，毕竟肥胖是当下广受关注的社会问题，需要我们专业人员做大量科普工作。

我很高兴看到本书顺利出版。这不是一本专业艰深的理论之作，而是一本可以带领读者一起践行健康生活习惯，并实现减重的实用手册。开卷有益，祝君健康！

王兴国

2020年5月28日于大连

前言

认清这些事实，才能真的减重不反弹

减肥是件为数不多的，只要努力就有回报的事情，但如果努力的方向不对，努力也一样白费。毫不夸张地讲，再也没有比减肥市场更混乱的行业了，拔罐、针灸、减肥药、哥本哈根减肥法、生酮饮食、轻断食、辟谷等，减肥方法层出不穷。为什么那么多人一直奔走在减肥的路上，瘦了胖，胖了瘦，瘦了再胖，体重像悠悠球一样反复升降，甚至很多人比以前还胖。究竟哪里做错了？那是因为很多方法只是暂时改变了饮食方式，而根本的饮食习惯并没有改变，自然很容易回到老路上，这就像拉长了的皮筋，一松手当然要回弹！

所以，真正决定减肥效果的是习惯！

什么是习惯？

出门的时候，我们经常会习惯性地拉一下门把手，看看自己是否锁了门；去菜市场，总会很自然地走到自己喜欢的食材面前；等等。我们每天要接收海量的信息，但如果每一条信息都需要大脑去处理和记忆，大脑就很容易像插错了的电源线一样会短路。实际上，我们有很多行为会被大脑固化，变成习惯，习惯就不需要大脑耗能，是自然而然就可以产生的行为，它可以在很大程度上提高大脑的工作效率。因此，大脑很喜欢把一些行为固化成习惯。各种习惯大概占我们每天生活行为的40%以上，涵盖了我们生活的方方面面，例如学习习惯、工作习惯、饮食习惯、生活习惯等。可以说，习惯在左右我们的生活。其中，饮食习惯和生活习惯决定了我们的健康，更直接点说，健康的人和不健康的人、胖人和瘦人，他们的主要差别就是饮食习惯和生活习惯不同。那么，想要获得健康以及健康的体重，到底要养成哪些好的饮食习惯和生活习惯呢？

下面，让我们先看看那些糟糕的饮食习惯和生活习惯：

- 喜欢吃肉，一点儿蔬菜也不想吃！
- 经常出去聚会，几乎天天吃外卖！
- 薯片、糖果等零食不离手！
- 每次吃完饭都感觉肚皮要被撑破！
- 吃饱饭也还能再吃点儿别的，来者不拒！
- 自助餐绝对能吃回票价，乐此不疲！
- 能不动尽量不动！

如果你从上面的行为中看到了自己的影子，你不想改变一下吗？

- 拥有不反弹的完美体重！
- 习惯挑选健康的食物！
- 偶尔想吃什么就吃什么！
- 三分练七分饱！
- 参加聚会也能从容应对！

● 体重由自己做主，健康享瘦！

减重其实就是修正一些坏习惯。而养成好习惯也并不是什么难事，需要做的只是逐渐了解和掌握减肥必备的知识，从一点一滴开始改变。需要提醒大家的是，减重时千万不要挑战自己的意志力，在这条路上成功的人极少。拥有坚强的意志力不是一件容易的事，而在不经意间养成的好习惯却能不知不觉地改变我们的体重。习惯减肥法已经帮助几万人了解健康减肥的秘密，可以让大家轻松减重！

这本书更像一本减肥操作手册，从科学确定减重目标开始，每节一个重点，一步步讲述如何科学减肥，你只需要跟随书中方法在生活中实践，就可以轻松减重。这本书也像一本减肥百科全书，减肥需要掌握的知识都在这里。

1.如果时间有限，不必按照每一章的顺序逐步操作。前面的6个小节是本书最基础和最重要的内容，你只需按照设计好的减肥路径循序渐进即可。

2.可以根据自己的需要翻阅，比如想了解运动方面的知识，可以翻阅运动与营养的相关内容；如果想了解如何利用冰箱帮助你管理健康，可以直接翻阅相关内容。可以说，这也是一本检索式的学习手册。

3.现在是一个知识爆炸的时代，了解得越多，你的选择会越明智，越容易通往真正的自由。所以本书有很多与食品营养相关的内容，书的最后两章是食品营养和减肥相关的问答，它们会帮助你自由地减重。

4.书中附赠女性减重1周食谱。

目录

第三章

养成易瘦好习惯，轻松减重

第四章

解决这些减肥难题，做一辈子健康"瘦美人"

第六章
减肥问题有问必答

第一章

科学减重，先从了解自己开始

很多人一直在盲目地减肥。有些人只因自我感觉胖，或者听别人说自己胖就想减肥；有些女性本来不胖，但是总对自己的身材不满意，盲目减肥之后果真"成功"地把自己变成了胖子。如果你不了解体重到底是怎么回事，不能科学地评价自己的体重，不能设定合理的减重目标，只能在身材表象上下功夫，被各种减重产品的营销宣传牵着鼻子走，不断地走入各种误区，不断跳进各种减肥的"坑"里，这样的减肥不过是在进行低水平的重复。所以，先了解自己，然后再设立目标才是科学减重的第一步！

了解自己，判断胖瘦的三个维度

对于自己到底是胖还是瘦，很多人说不出个所以然。除了个别外观上实在藏不住的胖子，大多数人只是凭感觉，或者是同原来的体重进行对比。如果没有一个明确（科学）的标准来评估自己的身体情况，你只能是盲目地减肥。

了解科学判断胖瘦的标准并正确地判断自己的身材处于哪个段位，明白自己应该朝哪个方向努力，才是减肥的第一步。这一步实际上要分两步走。

第一步，通过判断胖瘦的三个维度，了解自己的体重状况。

第二步，科学地设定自己的减肥目标。

判断胖瘦的三个维度

经常有女生会把自己的减肥目标定为低于100斤，如果问她为什么这样设定，最常见的答案就是——都说"好女不过百"嘛！其实，判断胖瘦不能只看体重，还得看身高，1.7米和1.5米的女生都按这个标准要求，显然不合适。

科学判断胖瘦的三个维度为：BMI、腰围、体脂含量。这三个维度可以综合地概括出一个人的身体状况。

1.判断胖瘦的第一个维度——BMI

BMI，指的是身体质量指数，简称体质指数，这是国际上通用的判断胖瘦的方法。

计算公式：

BMI=体重（kg）/身高（m）^{2}

或转化为：

BMI=体重（kg）÷身高（m）÷身高（m）

举个例子：女生小美，身高1.60m，体重65kg

她的BMI=65÷1.6÷1.6≈25.4

依据下表（我国BMI标准）可以初步判断小美的体型。

体型	BMI
消瘦	<18.5
正常	18.5~23.9
超重	≥24
肥胖	≥28

按照我国BMI标准，BMI为18.5~23.9，体重正常；BMI小于18.5，属于消瘦，不应该盲目减肥；BMI大于等于24，属于超重；BMI大于等于28，属于肥胖。也就是说，只要BMI大于或等于24，就属于体重超标，该减肥了。上例中，小美的BMI是25.4，很显然已经超重，应该减肥。

但是，需要注意的是，BMI标准不能用于评价儿童、孕妇、运动员和65岁以上的老年人的体重。

老年人和儿童有自己的BMI标准值，特别是儿童，他们的身体正处于生长发育阶段，所以根据年龄的变化，BMI标准也不同。

老年人的BMI标准要比普通成年人略高，适当的脂肪储备对老年人健康也有意义，老年人的减重需求往往跟慢性病的生活方式管理相关，评价减重效果的指标相对复杂。所以，特别提醒儿童和老年人不能盲目减肥，如果需要减肥，最好在专业人士的指导下进行。孕妇腹中的胎儿每天都在长大，需要各种营养供给，因此也不能使用这个标准。另外，大部分运动员的肌肉比例通常比普通人高，虽然一身肌肉，但体重可能会显示BMI超标，这是因为同等体积下的肌肉重量远远高于脂肪的重量，这会造成BMI超标的假象。

> **以下人群不适用BMI标准评价体重**
>
> - 未满18岁的未成年人
> - 运动员
> - 孕妇
> - 65岁以上的老年人

2.判断胖瘦的第二个维度——腰围

BMI正常，不代表就可以高枕无忧了。有些人BMI合格，手脚纤细，唯独肚子像个锅盖扣在肚皮上，这种情况在男性中很常见，就是人们常说的"啤酒肚"，我们称之为"苹果型肥胖"或"腹型肥胖"。

还有一种肥胖体型是"梨形肥胖"，很多女性都属于这种情况，肥肉大都长在大腿和臀部，拥有无论怎么减好像都甩不掉的"大象腿"，但腰围并不超标。虽然这种肥胖从体形上看不够美观，也不像"苹果形肥胖"的人只要穿一件宽松的衣服就能掩盖身材缺陷，但近些年研究结果表明，"梨形肥胖"从健康角度讲危害不大，甚至还有长寿的潜质！这是为什么呢？

因为脂肪多不是关键，长在哪里才是关键！人的肝、肾、脾、胃、大小肠等主要脏器都集中在腹部，一旦肚皮上有很多看得见的肥肉，在看不见的肚皮下面，那些脏器很可能已经脂肪超标（比如脂肪肝），这对健康的危害更大。所以，腰围非常重要，甚至相比BMI更能反映肥胖的程度。

正常的腰围标准：男性≤85厘米，女性≤80厘米。

一旦超过这个标准就属于肥胖，就表明应该减肥了。

小贴士

正确测量腰围的方法

正确的测量腰围的方法分两步：

第一步：定位

两点之间呈直线，先找到准确的定位点很重要。先找右侧，用手摸一下自己的肋骨，找到右侧肋骨最下缘，也就是肋骨骨尖的位置，然后找到胯骨前部最突出的位置——髂前上棘，骨盆前端那个尖角，在两个尖角之间作一条连线，这条线的中间点就是我们要找的定位点。用同样的方法找到左侧的定位点。

第二步：软尺测量

以两个定位点为标准，用软尺围着腰线平行绕一周，就可以量出腰围。

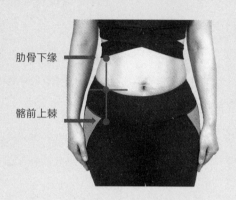

肋骨下缘

髂前上棘

3.判断胖瘦的第三个维度——体脂含量

体脂含量，指的就是身体脂肪的含量，体脂跟BMI一样，有固定的标准。男性的正常标准是15%～20%，女性的正常标准是25%～30%，如下表。体脂超过正常标准，即使BMI和腰围都合格，也应该减肥了，这就是人们常说的"偷胖"。这些多余的脂肪绝不只是在皮下，血管里和肝脏里也可能出现了过多的脂肪，这对健康的危害更大。所以，即使从外观上看起来并不胖，也应该减肥。

性别	必需体脂	正常体脂
男性	3%～8%	15%～20%
女性	12%～14%	25%～30%

男性的必需体脂和正常体脂都比女性略低，这再正常不过了。因为女性肩负着孕育生命的重任，需要一定的脂肪储备，当脂肪含量过低的时候不易受孕，也影响产后泌乳，所以女性天生携带着比男性更容易长脂肪的基因。

体脂分析仪靠谱吗

体脂分析仪的工作原理很简单，含有水的肌肉和脂肪都可以导电，利用微弱的电流（人体不能感知）通过人体时产生的电阻值计算出人体的脂肪、肌肉及水分的含量。我们用体脂分析仪就可以轻松地测出自己的体脂含量。

不过，正因为数值是推算出来的，所以不同的体脂分析仪检测的准确度略有差别。一般说来，医院和体检中心的设备更复杂、更昂贵，准确度更高；家用的便携式体脂仪简单、方便、易操作、价格低廉，准确度会差一些。不过，这并不代表家用的体脂仪毫无用处，恰恰相反，在家里进行体脂分析很有意义。它可以监测体脂变化，毕竟在医院里测量的数值再准确也只能偶尔测量一次，而家用的便携式体脂分析仪可以方便地监测出自己一段时间的体脂变化，这个监测过程非常有价值。比如，你的体重在一段时间内没有发生改变，但体脂率一直在下降，这可以从侧面反映出你的体内脂肪在减少，肌肉在增加，这个结果对于减脂增肌的朋友再好不过。

判断胖瘦的三个维度分别是BMI、腰围、体脂含量。

$BMI=$体重（kg）/身高（m）^{2}，$BMI \geqslant 24$，就应该减肥。

男性腰围$\geqslant 85$厘米，女性腰围$\geqslant 80$厘米，就应该减肥。

男性体脂含量$>20\%$，女性体脂含量$>30\%$，就应该减肥。

科学确定减重目标

我应该减肥吗

了解体重的三个维度后就马上减肥吗？不！实际上，有些人的确应该马上行动，有些人可减可不减，还有些人则不应该减肥。

1.立刻行动

以下人群应该马上行动起来，下定决心，开始减肥：

体重超标，腰围超标，体脂超标，有慢性疾病

我的一位老同学，从大学毕业就开始从事销售工作，目前已经升任销售经理。他身高1.78米，体重97千克，腰围90厘米，体脂率30%，超标10%，他的BMI达到30.6，属于肥胖，腰部赘肉多，腰围超标，是典型的"苹果型肥胖"。因为从事销售工作，他经常有应酬，导致毕业几年之后就胖起来了，单位体检时显示血脂、血压也高。

身体这台机器已经敲响警钟，如果再不注意就会出现故障，该给你点儿"颜色"看看了！人到中年，正是上有老下有小的年纪，最怕的就是健康出现问题，真的是不敢生病。为了家庭幸福，应该马上行动起来，积极减肥。

腰围超标

我有一个看上去并不胖的女学员，身高1.66米，体重63千克，BMI为22.9，正常，腰围90厘米，体脂含量为27%。她的体重和体脂正常，只是腰围严重超标。之所以看上去并不胖，是因为她总是穿着很宽松的上衣，把肚子遮住了。像这种腰围超标的情况，不管体重和体脂是否正常，都应该减肥。腰围跟胰岛素、脂肪的代谢密切相关，更能反映肥胖的趋势，而且这种情况下再不重视体重管理，体重、体脂超标也是早晚的事情。

有一种或者多种慢性疾病（高血压/高血脂/糖尿病等）

有一位跟随我很久的学员，身高1.57米，体重58千克，BMI是23.85，正常，腰围77厘米，体脂含量是24.2%。虽然她的各项指标均不超标，但是她有高血压，医生建议她管理体重。目前她已经减重2年多，血压控制得非常好。

诸多慢性疾病的诊疗指南中都提到生活方式的管理，体重的管理对于治疗各种慢性疾病都会有辅助作用。近年来，《柳叶刀》（英国权威医学杂志）发表了一篇重磅研究，文中有这样一段话：临床试验表明，通过饮食管理，一年减掉体重15千克（10%体重），86%的肥胖糖尿病患者可以摆脱Ⅱ型糖尿病。

如果已经患有慢性疾病，不管BMI、腰围等指标是否合格，都要减肥。研究表明，只要进行了饮食管理和适量运动，哪怕没有减掉体重，对健康也是有益的，对慢性疾病的防治有各种好处。像我前面提到的这位学员，她不一定是要减掉多少体重，但在减重的过程中她一直在受益。

多囊卵巢综合征

多囊卵巢综合征（PCOS）是育龄妇女常见的一种复杂的内分

泌及代谢异常所致的疾病，主要临床表现为月经周期不规律、不孕、多毛和（或）痤疮。在我国，19~45岁的女性中PCOS的发病率约为5.6%。研究表明，生活方式干预（饮食、运动和行为干预）比药物治疗更有效，超重或肥胖的PCOS患者轻度体重减轻（减少5%~10%）即可恢复正常的排卵周期，并提高妊娠成功率。我的学员中就有患多囊卵巢综合征的，在减重之后成功受孕。因此，建议超重和肥胖的多囊卵巢综合征患者立刻行动，开始减重。

哺乳期肥胖

很多女性在孕期或者哺乳期因饮食过量导致发胖，如果哺乳期结束的时候还没有把之前增加的体重减下来，就很容易让身体记住哺乳期的体重数值，导致体重停留在这个节点上很难减下去，这个专业术语叫作"产后体重滞留"。

泌乳是一套自分泌系统，科学的减重方法一般不会影响乳汁分泌，除非饮食极不均衡的节食减肥，在营养极差的情况下的确会影响到母乳质量。哺乳期的女性比普通成年女性每天大概多消耗500千卡热量用于泌乳，只要配合少量运动，即便比普通减重女性每天多摄入一些能量，减重效果也很突出。

2.可减可不减

体重合格，腰围合格，体脂超标，没有慢性疾病

一个刚大学毕业的22岁学员，身高1.60米，体重58.5千克，腰围76厘米，体脂含量31%，BMI为22.85。她的BMI正常，腰围也正常，只有体脂含量超标。这就是我们刚才说的"偷胖"，很多女生都存在这种情况，看着不胖但体脂含量偏高，对健康的影响还是很大的。

这种情况倒不急于减肥，更应该关注健康的饮食模式，以及培养健康的生活方式。在饮食上注意食物的选择，并进行适当的运动即可。千万不要因为苛求完美体形而盲目节食。减肥的终极目标实际上是为了健康，让自己的精力更旺盛，拥有更加健康的生活状态，这样才可以更好地生活。

各项指标合格，有家族遗传史，暂时可以不减

我有一个学员，BMI、腰围、体脂含量各项指标都合格，但是有糖尿病家族史，她的父亲就是死于糖尿病的并发症，她来减肥是为了避免走父亲的老路。

我给她的建议是：不一定要减掉多少体重，但是应学习健康饮食的搭配，养成健康饮食和适量运动的习惯，并且随时注意各项身体指标及实验室生化检测指标，每年应进行相关项目的体检。这种情况保持住健康合理的体重就可以，或者只需要稍稍减掉一些体重即可，毕竟体重是健康的晴雨表。

本来并不胖，只是希望自己更苗条一些，需谨慎行动

减肥是一项一旦开启就需要付出努力的工作。管理饮食是必需的，一旦开始减肥又不认真，再一不小心各种"上当"，体重像悠悠球似的上上下下，对身体的损害非常大，极有可能把自己"变成"一个真的胖子。我有一个学员，她原本并不胖，只是想从55千克减到50千克，结果盲目地进行各种减肥之后体重飙到了65千克，更可怕的是，她还患上了"暴食症"，经常要吃到呕吐才能停下来，她找到我的时候已经处于身心俱疲的状态。

千万不要照搬"超模"们的菜单，想把自己也变成魔鬼身材。其实，健康才是自己一辈子的事业。

3.暂缓行动

BMI在18.5以下，不要减肥

体重过低的危害并不比肥胖少，贫血、免疫力降低等各种问题也很让人挠头。BMI低于18.5的朋友还是先想办法把体重恢复到合理范围才好。如果想看起来更瘦一些，做一些力量练习更有用，体重可能没有变化，但身材一定会更有型。

甲状腺功能减退，先积极治疗

甲状腺功能减退，简称甲减，是由于甲状腺激素合成及分泌减少，或其生理效应不足所致机体代谢降低的一种疾病，甲减可以去医院内分泌科做相应的检查确诊。该病病因复杂，甲减患者基础代谢降低，有些人会出现体重抑制不住地增长的症状。

甲减患者并不是不能减肥，而是需要先根据医生的诊断合理用药，在治疗的基础之上才能减肥，否则再努力也只能是做无用功。

高尿酸血症，先积极治疗

高尿酸患者的减重方案相对来说比较复杂，在对食物进行营养搭配的同时还需要考虑食物的嘌呤含量。另外，还要考虑减重过程中不能过于饥饿、劳累，减重速度不能过快等一系列问题，以避免诱发痛风。所以，应先积极治疗疾病，降低血尿酸，再制订合理的减重方案。

特殊疾病人群，需要在专业医师的指导下进行减肥

饮食不是万能的，比如，一些有特殊疾病的人群可能光有健康均衡的饮食还不行，他们还需要可耐受的饮食，减重方案更要因人而异，进行特殊化处理。所以，一些特殊疾病人群，如肾功能障碍者，必须在专业医师指导下进行减肥，更不要盲目相信各种道听途说的减肥秘籍，专业的事情要交给专业的人。

减肥也要分阶段

我有一个学员，曾经尝试过一种极端的减肥方法快速减肥，结果一个月之后就开始大把大把地掉头发，月经也不正常了，并且出现晕厥的现象，最严重的一次是出现体温调节功能紊乱，被送到医院抢救。

还有一个学员跟我分享她身边的一个真实案例。她的闺密用半年时间减掉了60斤，结果出现了心理问题，情绪化进食严重到不可控的地步，四处求医问药都没有好转，经心理医生治疗之后效果也很有限。她亲眼看到朋友的痛苦和无助，决定给自己足够的时间慢慢减重，计划用半年的时间减掉20斤，每个月只需要减掉4斤左右即可，毕竟身心健康才是最重要的。

罗马城不是一天建起来的，体重也不是一天涨上来的，假如长胖30斤用了两年，又怎能要求短期内就把它们甩掉呢？

1.减肥第一阶段目标：BMI23.9

把体重降到健康体重范围内，让BMI合格是最简单、最直接的一个目标，把BMI的公式反过来计算就可以知道自己的目标体重了。

举例：女生小美，超重，身高1.60米，体重65千克

目标体重=$23.9 \times$身高（米）^{2}=$23.9 \times$身高（米）$\times$身高（米）

她的第一阶段减重目标应该是：$23.9 \times 1.6 \times 1.6 \approx 61$千克

需要减重：65-61=4千克

每个月的健康减重速度最好控制在每周0.5千克~1千克，每个月2千克~4千克。4千克的体重用2个月左右的时间减掉是比较合理的，这个速度最大的好处是不会引起身体的不适，也不容易反弹。

2.减肥第二阶段目标：理想体重

BMI已经正常的人，如果想再瘦一些也是有标准的，减到理想（标准）体重就行了。

标准体重的计算方法：

男性：［身高（厘米）－100］×0.9

女性：［身高（厘米）－100］×0.85

举例：一位女性，体重正常，身高1.60米，体重58千克

她的标准体重是：(160－100)×0.85=51千克

需要减重：58－51=7千克

当然，7千克只是目标，最终减到多少合适还要根据年龄、运动水平、皮肤状况而定。随着年龄的增长，适量的脂肪有助于保持皮肤饱满的状态，减得太瘦了，相貌就未必让人满意了。

年龄在40岁以上的人群，不能以理想体重为目标，BMI也不是越低越好，而是在22左右比较合适。所以，40岁以上人群第二阶段的目标就可以继续以BMI为标准，BMI达到22就可以了。

3.慢性病减重目标：肥胖者减重5%～10%（3～6个月）

减肥是糖尿病、高血压、高血脂、脂肪肝、胰岛素抵抗、高尿酸等慢性疾病的非药物疗法诊疗的主要措施，比如高血压患者，减重成功之后血压最高可以减少20毫米汞柱。

4.哺乳期减重目标：恢复到孕前正常体重

哺乳期女性比普通女性每天多消耗500千卡能量，非常适合减重。

泌乳是一套自分泌系统，一般不受饮食影响，除非饮食营养特别糟糕。哺乳期女性可以通过适量减少能量摄入，适当增加身体活动（包括带孩子）的方式消耗能量。每周减少0.5千克～1千克即可，体重基数大的新妈妈可以略微增加。

确定自己的减重目标后也不用急于开始，减肥成功还差一个监督员，找一个伙伴一起减肥或者找个合格的监督员会让减肥事半功倍。

接下来，你需要做的就是根据体重管理的目标和步骤，结合自己的具体情况，设定属于自己的科学减重目标。

第二章

掌握"九宫格配餐法"，
轻松搞定减肥餐

本章我主要教大家按照"九宫格配餐法"制作每日减肥食谱，只要掌握了这个方法，你离减肥成功又进了一大步。

九宫格是一个3×3的表格，横向标签是食物，纵向标签是用餐次数，食物栏有三大类，从左向右依次是主食、蛋白质食物、蔬果，餐次就是早、中、晚三餐。将九宫格中的食材再加上烹调油和调味品，整理一下就可以制作出上表中的一日食谱。在制作食谱时，九宫格配餐的分餐表是最关键的一步。

掌握"九宫格配餐法"，养成定量饮食的习惯

有些人吃饭有上顿没下顿，还有些人经常一天只吃一顿饭或者两顿饭，美其名曰减肥。可这些人瘦下来了吗？并没有！这说明少吃那么一两顿饭并不是减肥的关键，一顿饭就可以把全天的能量都吃进去的大有人在，因为很多胖人都有一个弹性很大、能力超强的胃。

定时、定量地吃饭可以帮助减肥者减重，而且这个习惯还会防止减重之后的体重反弹。定时、定量地吃饭要达到的最终目标是到点就用餐，每顿饭吃的量都差不多。这样做的一个重要目的是——培养一个跟未来的理想体重相匹配的胃。同样一个人，体重50千克跟60千克需要的能量是不同的，体重减下来了，身体需要的能量自然也会降低。

想象一下，当你的体重减下来了，但依旧拥有一个超大容量的胃，如果一直靠坚持每顿饭"吃不饱"，总有一天你会受不了，于是开始暴饮暴食，一发而不可收，然后宣告减肥彻底失败！而培养定时、定量的饮食习惯，目的是培养胃的适应性，刚开始胃可能有一些不适应，觉得肚子没填满，慢慢地你会发现胃口真的会变小，就像那些令人羡慕的瘦人一样，多吃一点儿都觉得难受，吃得差不多也知道饱了，再好吃的也不会多吃一口了……所以，定时、定量地吃饭是习惯减肥法中最重要的一个习惯。

定时、定量吃饭这个习惯的养成离不开九宫格配餐法，掌握了这个配餐方法也就掌握了饮食减肥的秘密武器。不管在家吃饭，还是在外就餐，都可以轻松搞定减肥餐！

减肥餐要定量、有营养、饱腹

肥胖是代谢紊乱的结果，而且大多数是营养不均衡造成的，可能存在某些营养素摄入过多，而某些营养素又摄入不足。比如，很多肥胖人群矿物质和维生素的摄入处于一种相对缺乏状态。所以，真正的减肥餐不是盲目地减少食物，而是要进行正确的营养搭配，合理地减少一部分能量，但尽量保证一定的饱腹感和基本营养素的摄入，也就是说减肥餐应该营养又健康，还要有一定的饱腹感，让身体感觉不到饥饿，没有过于激烈的反应。

九宫格配餐法的关键词是：定量、有营养、饱腹。

定量，指的是能量固定，每天吃多少食物，它们的能量都是经过计算的。大家可以通过称重或者简单的估重来确定自己的饮食量。

营养，都来源于食物，因此吃得好格外重要。通过科学的配餐，基本保证重要的营养素摄入量，在不饿肚子的情况下轻松瘦身。

不过，个人减肥者并不需要成为营养师，对食物的营养要求不用过于严格精准。九宫格配餐法是在限制能量、平衡膳食的基础上对饮食进行简化，让每餐变得相对简单、易于操作，同时可以根据本地的食材进行合理选择，轻松实现减肥餐的搭配。

饱腹感是饮食减肥法能否继续下去的关键。要想达到一定的饱腹感，在食材的选择上当然要更用心才行。学会各种食材选择的技巧和窍门，就能做到既减少摄入也不会饥饿。

减肥餐≠少吃，减肥配餐的内核是营养搭配

减肥餐也可以吃得有营养、丰盛、美味。

你有没有发现，有时候少吃并不会变瘦，而有时候即使吃多了也没有变胖。胖不胖不是看吃进去的数量，而是看吃进去的能量。营养减肥的实质是控制能量，制造能量缺口。

不同的食物蕴含的能量千差万别。例如，100克烹调油的能量是900千卡，100克小油菜的能量不过12千卡，同样的质量，烹调油的能量可以达到小油菜的30多倍，而相同重量的小油菜体积却比烹调油大得多。如果把我们的胃想象成一个口袋，用食物把它填满，当然要多选择体积大、能量低的蔬菜占据空间，既可饱腹又减少热量的摄入。

但是，把食物都换成蔬菜合理吗？当然不行。我们每天需要七大类共计42种必需营养素。

人体42种必需营养素
9种必需氨基酸
2种必需脂肪酸
1种碳水化合物
15种矿物质
14种维生素
水

食物是各种营养素的组合，没有一种食物能完全符合人类需要的营养素比例。也就是说，没有一种食物是完美的，根本不存在一种食物让人实现营养均衡、瘦下来的梦想，营养均衡实际上就是各类食物的合理搭配。做到这一点不难，你只需按照九宫格配餐方

案，坚持做下去就好了。

九宫格配餐法简单实用，你只需要花一点时间去学习和练习，就能轻松掌握。

九宫格配餐法的五个步骤

- 确定自己应该吃多少能量。
- 选择食谱模板。
- 制作自己的九宫格配餐表。
- 确定食谱食材。
- 特殊情况下的食谱调整。

1.确定自己应该吃多少能量

减肥必定要有一定的能量缺口，这样才能消耗自身的脂肪，达到减肥的目的，也就是减肥之前要先确定每天摄入多少千卡能量合适。

能量？千卡？这些又是什么？

举个简单的例子，手机都需要充电，如果某一天你忘记给手机充电了，用不了多久手机就会自动关机。我们每天摄入的能量就好比给自己身体充的电，也就是说吃饭实际上就是在吃能量。摄入能量的多少关乎我们身体这台"机器"的运转时长，要是不充电（不吃饭），对我们的身体也是一种损坏。

千卡是能量的单位，就像电表的单位"度"一样。普通成年女性每天的能量推荐摄入量是1800千卡，普通成年男性每天的能量推荐摄入量是2250千卡。你可能还经常听到有人说卡路里，卡路里简称卡，1000卡＝1千卡，卡是一个特别小的能量单位，日常几乎用不到。

减肥期间，制造适宜的能量缺口非常重要。如果能量缺口太大，减肥速度虽快，但是副作用大，甚至会吓走女性的"大姨妈"，并且容易报复性反弹；但如果能量缺口太小，减重速度很慢，虽然健康，但很多人会动力不足，减肥很容易半途而废。

九宫格配餐法中不同人群能量定量标准

普通成年女性：1200千卡/天

普通成年男性：1500千卡/天

哺乳期女性：1800千卡/天

备孕期女性：1500千卡/天

这些数值大概相当于减少了普通成年人能量推荐值的三分之一，不建议减至更低的能量，极低能量的减肥通常伴随容易反弹的高风险，并且需要在医生的监督指导下进行。

减肥这件事，慢就是快，把时间维度放得长一些，这个能量摄入标准对应的是最健康的减肥速度。每周减0.5千克～1千克，不要小瞧每周减的这个数值，假如每周只减0.5千克，10周下来是5千克，还真是一个可观的数字。

2.选择食谱模板

不同的减重人群需使用不同的食谱模板，下面以普通成年女性的减重标准（每天摄入1200千卡）为例，让我们一起学习如何用九宫格配餐法制作食谱模板。

女性一日减重食谱

餐次	序号	名称	主要原料
早餐	1	煮鸡蛋	鸡蛋50克（1个）
	2	燕麦饭	大米30克，燕麦米20克
	3	白灼菜心	菜心100克，烹调油3克，一品鲜酱油10克
加餐	4	脱脂牛奶	脱脂牛奶250克（1盒）
午餐	5	二米饭	大米30克，小米20克
	6	油菜炒豆干	油菜100克，豆干50克，烹调油4克，盐1克
	7	蒜薹炒肉	蒜薹100克，里脊肉50克，烹调油4克，盐1克，酱油5克
加餐	8	猕猴桃	猕猴桃100克（1个）
晚餐	9	红米饭	大米30克，红米20克
	10	蒜蓉西蓝花	西蓝花200克，盐1克，大蒜3瓣，烹调油4克
	11	轻煎三文鱼	三文鱼50克，盐1克，黑胡椒碎少许，柠檬汁少许

食谱说明：

●食物数量指的都是生重，即还没烹调的重量。

●以上重量均为可食部，即可以食用的部分，不包括没择掉的菜叶、骨头等。

●这里的食物只是示范，大家可以替换成自己喜欢的食物。

一日食谱是由九宫格配餐模板演变出来的。九宫格是一个3×3的表格，横向标签是食物，纵向标签是用餐次数，食物栏有三大类，从左向右依次是主食、蛋白质食物、蔬果，餐次就是早、中、晚三餐。将九宫格中的食材再加上烹调油和调味品，整理一下就可以制作出上表中的一日食谱。在制作食谱时，九宫格配餐的分餐表是最关键的一步。

九宫格配餐法——1200千卡自定义分餐表

餐次	主食	蛋白质食物	蔬果	食物
早餐 ＋ 早加餐				主食150克 蔬菜500克 水果100克
中餐 ＋ 午加餐				蛋类50克 禽畜肉50克 鱼虾类50克
晚餐				脱脂奶250克 豆腐干50克 烹调油15克

上表右侧栏中的所有食物构成了女性全天需要的1200千卡能量，这些食材的数量是经过科学配比之后的营养搭配，可以满足一个成年女性减重期间基本营养素的需求。

首先，将这些食物按照一定的原则分配到左侧九宫格的每一餐当中，例如，早餐分配了杂粮和大米50克、鸡蛋50克、蔬菜100克、三餐的相应食材合并汇总后的数量就是右侧的全天食物总数。然后，在每一类食物中挑选出相应的食材，配合恰当的烹饪方法，最终组成一日食谱。

脱脂牛奶和水果可以放在加餐中，也就是在两餐之间，当作零食食用，可以延长下一餐饥饿感到来的时间。

以下是不同人群的九宫格配餐模板，大家要按照自己的需求选择适合自己的食谱模板。

九宫格配餐法——1200千卡分餐表

餐次	主食	蛋白质食物	蔬果	食物总量
早餐 + 早加餐	杂粮、大米50克	蛋类50克 （中等大小鸡蛋1个） 脱脂奶250克	蔬菜100克	主食150克 蔬菜500克 水果100克 蛋类50克 禽畜肉50克 鱼虾类50克 脱脂奶250克 豆腐干50克 烹调油15克
午餐 + 午加餐	杂粮、大米50克	禽畜肉50克 豆腐干50克	蔬菜200克 水果100克	
晚餐	杂粮、大米50克	鱼虾类50克	蔬菜200克	

1200千卡九宫格食谱模板：适合普通成年女性。

九宫格配餐法——1500千卡分餐表

餐次	主食	蛋白质食物	蔬果	食物总量
早餐 + 早加餐	杂粮、大米50克	蛋类60克 （大个鸡蛋1个） 脱脂奶250克	蔬菜100克	主食240克 蔬菜500克 水果100克 蛋类60克 禽畜肉50克 鱼虾类50克 脱脂奶250克 豆腐干60克 烹调油20克
午餐 + 午加餐	杂粮、大米100克	禽畜肉50克 豆腐干60克	蔬菜200克 水果100克	
晚餐	杂粮、大米90克	鱼虾类50克	蔬菜200克	

1500千卡九宫格食谱模板：适合普通成年男性及备孕期女性。

九宫格配餐法——1800千卡分餐表

餐次	主食	蛋白质食物	蔬果	食物总量
早餐 + 早加餐	杂粮、大米50克	蛋类50克（中等大小鸡蛋1个）脱脂奶250克	蔬菜100克 水果100克	主食200克 蔬菜500克 水果200克 蛋类50克 禽畜肉50克 鱼虾类70克 脱脂奶500克 豆腐干50克 烹调油25克
午餐 + 午加餐	杂粮、大米100克	禽畜肉50克 豆腐干50克 脱脂奶250克	蔬菜200克 水果100克	
晚餐	杂粮、大米50克	鱼虾类70克	蔬菜200克	

1800千卡九宫格食谱模板：适合哺乳期女性

以上这些表格当中的食材可以进行灵活替换，替换的方法详见本书"食谱替换，简单得像搭积木"一节。

3.制作自己的九宫格配餐表

针对不同人群，九宫格配餐法有不同的配餐模板，当大家熟练掌握之后就可以自定义模板，进行一定的模块微调，以配出更适合自己的餐单。配餐其实很简单，只要掌握了配餐原理，就可以根据自己的情况进行一定的调整。需要注意的是，调整餐单必须遵循以下法则。

法则1：餐餐有蔬菜

蔬菜最大的特点是体积大、饱腹感强，而且能量大多都比较低。如果蔬菜搭配合理，减肥期间每餐都可以吃到七八分饱。

每天500克蔬菜和100克水果，按比例分配。例如，早餐蔬菜100克，中午蔬菜200克，下午加餐水果100克，晚餐蔬菜200克。

平均分配考虑的是稳定的饱腹感、稳定的血糖变化和胃口的适应性。长期练习之后饮食量会趋于稳定，胃也会缩小，我们的目标也正是如此——训练一个跟未来体重相匹配的胃。

九宫格蔬菜填写要求

餐餐有蔬菜，把全天500克蔬菜按适合比例分配到一日三餐，不允许空格，也不要集中在一餐或者两餐。

法则2：餐餐有蛋白质食物

蛋白质食物指的是富含蛋白质的畜禽肉、鱼虾贝类、蛋类、奶类和豆制品，它们蛋白质含量高，同时又是优质蛋白质，是人体每天必不可少的食物。没有蛋白质就没有生命，补充好蛋白质非常重要，它是人体健康的基石。

减重期间身体很容易丢失蛋白质。食物摄入不均衡，营养素摄入不足，骨骼肌中的蛋白质就很容易分解，用以补充不足的能量空缺，这会导致身体里蛋白质的损失。因此，每一餐都要有蛋白质食物的补充。通过补充优质蛋白质把蛋白质分解后的空缺填补上去，尽量避免身体蛋白质的损耗。如果不能做到这一点，即使减重速度很快，也不过是用自身肌肉及水分的丢失换来的，得不偿失！肌肉丢失，皮肤撑不起来，极易出现皮肤松弛，这估计是所有女性最不愿意看到的结果。

九宫格蛋白质食物填写要求

餐餐有蛋白质食物，每餐至少要有1~2份蛋白质食物。当然，多种蛋白质食物混合达到数量的要求也可以，比如中餐也可以是20克瘦肉+30克鱼肉+20克鸡蛋。可以根据具体情况填写"蛋白质"这一列，不要有空格，也不要集中在一餐或者两餐。

法则3：餐餐有主食

主食全天150克（干重，比如，米饭指的是生大米的重量而非熟米饭的重量），按一定的比例分配到三餐，推荐方案是50克、50克、50克，这样比较好计算，也好操作。可以把全天的主食做好，分成三份，每餐选择一份。当然，也可以根据自己的情况进行调整，例如，早餐习惯主食吃得少一点，全天的主食则可以这样分配：早餐30克，午餐70克，晚餐50克。

九宫格主食填写要求

餐餐有主食，把设定的主食数量填到表格中的"主食"一列，不要有空格，要把主食分配到一日三餐，而不是只分配到一餐或者两餐。

法则4：早餐吃好

早餐是一天中最重要的一餐，"养成吃健康早餐的习惯"一节会专门介绍与早餐相关的内容。吃好主要指早餐要营养丰富。要做到这一点，能够快速做出（或购买）营养全面的早餐最为重要。

法则5：午餐七八分饱

从三餐分配比例上来说，中午的能量分配可以略多一些，毕竟从中餐到晚餐经历的时间比较长，适当的饱腹感（避免过饱）一方面有利于减肥，另一方面也可让下午的工作和学习精力更加充沛。

法则6：晚餐吃少

有研究表明，晚餐能量比早餐能量略少一些更有利于减肥。另外，晚上体力活动相对较少，晚餐的能量很容易被留存下来，变成脂肪储存在体内。所以，除了晚上要吃得略少一些外，晚上8点以后尽量不要进食。但是，吃得少不代表吃得单一或者一味地减少摄入量，而只是在适当调整之下使饮食更适合减肥的节奏，更利于减肥成功。

其中，餐餐有蔬菜、餐餐有蛋白质、餐餐有主食这几个基本原则充分体现了这三类食物的重要性，是缺一不可的。不仅从营养的角度要做到这些，从减肥角度来说也必须这样做，因为蔬菜是顶饱的，蛋白质是顶饿的，主食是愉悦大脑的。

蔬菜饱腹感强

如果能做到正确搭配，基本可以达到一餐七八分饱，限定能量的同时也能满足饱腹感。减肥真的不用饿肚子。蔬菜在这个过程当中就起到了关键作用。蔬菜能量低、体积大、饱腹感强，真可谓既"经济"又划算，这里的"经济"当然指的是更少的能量摄入。

蛋白质比较抗饿

蛋白质的摄入会延缓膳食的整体消化速度。如果某一餐中没有摄入蛋白质，即使早上吃得很饱，也可能很快就感觉到饥饿，无论如何想要再吃一顿。

大脑最爱主食

正常情况下大脑唯一能利用的能源就是葡萄糖，而它们主要由主食来提供；缺少主食的供应，葡萄糖来源不足，大脑就会不满意。很多人为了减肥不吃主食，结果没过多久就出现各种情绪问题，如抑郁、烦躁等，而这一切可能只是大脑在"抗议"。

虽然不吃主食能让人减肥速度变快，但吃了主食才能令人心情愉快地减肥。比起速度快一点儿，持续性强对减肥才更重要！

只要符合上述几个原则，九宫格的配餐内容完全可以灵活多变，轻松制作出属于自己的自定义分餐表。

4.确定食谱食材

接下来要把食谱模板里的示范食材换成具体的食材，可以根据季节、当地的实际情况，甚至结合自己的喜好来选择。

例如，正是苹果丰收的季节，把"100克水果"替换成苹果；喜欢吃菜心，可以把早餐"100克蔬菜"替换成"100克菜心"；刚买了新鲜的三文鱼，晚餐的鱼虾就可以替换成50克三文鱼；家里刚好有蒜薹、油菜、里脊肉和豆腐干，中午就做油菜炒豆干、蒜薹炒肉……

很快，食物一一替换之后就变成了食材选择表（见下表）。

九宫格配餐法——1200千卡分餐表

餐次	主食	蛋白质食物	蔬果	食物总量
早餐 + 早加餐	大米30克 燕麦米20克	蛋类50克（中等大小鸡蛋1个）脱脂奶250克	菜心100克	主食150克 蔬菜500克 水果100克 蛋类50克
午餐 + 午加餐	大米30克 小米20克	里脊肉50克 豆腐干50克	油菜100克 蒜薹100克 苹果100克	禽畜肉50克 鱼虾类50克 脱脂奶250克 豆腐干50克 烹调油15克
晚餐	大米30克 红米20克	三文鱼50克	西蓝花200克	

这里只是举个例子，为大家示范如何根据食谱模板替换具体食材。将上述表格进一步完善，增加烹调油、盐、调味料等辅料，就变成了1200千卡一日食谱。

5.特殊情况下的食谱调整

（1）家里的储备不够，晚上没有鱼虾类食物，怎么办？

分餐表中同类型的食物可以互换。例如，原定的鱼虾类没有了，可以换成富含蛋白质的肉丝；米饭没有了，可以换成意大利面。但基本原则就是同类型替换，不要因为鱼虾类没有了就多吃一份主食。

同类型食物可以互相替换，灵活简便；考虑到营养均衡，非同类型食物尽量不要替换。

（2）在食堂吃饭，自己无法左右菜谱，怎么办？

只要制作好分餐表，心中掌握了大致的饮食量，在单位食堂、外出就餐，甚至点外卖都可以搞定减肥餐。例如，中午在单位食堂用餐，有排骨炖芸豆、麻婆豆腐、蒜薹炒肉、白灼菜心、馒头、米饭、粥。我们可以进行一下分类：蔬菜有菜心、蒜薹，蛋白质有肉丝、豆腐，主食有馒头、米饭、粥，分类之后分别按照九宫格配餐模板（标准模板或者自定义模板）选择就可以。关于如何估算食物的重量在"养成估重的习惯，练就'火眼金睛'"一节里有详细介绍。

（3）感觉不够吃，饿得很厉害，怎么办？

九宫格配餐模板是一个普适性的方案，也就是说，大部分人可以按照女性每日1200千卡、男性每日1500千卡的方案去吃。但是，体重基数比较大或者胃口很大的人按照这个量来吃，如果一时难以适应，可以在配餐的基础上进行增减。

不同人群的能量推荐量都是一个平均值，没有考虑到身高、体重等更细微的差别，比如，体重基数比较大的人，同样标准的能量可能就有些不够吃，需要进行调整，适当增加一些。如何增加呢？需要循序渐进地尝试身体最适宜的食物数量。例如，第一天按照配餐吃，饱腹感很差，饿得很厉害，第二天可以增加30克主食，如果还是觉得饿，第三天继续增加50克鸡胸肉。总体来说，增加的食物可以参考以下原则：

- 第一次：增加30克主食。
- 第二次：再增加50克的蛋白质，比如鸡胸肉、鱼虾。
- 第三次：再增加100克的水果加餐。

三次之后已经增加将近200千卡的能量，如果是女性，已经达到1400千卡；男性也可以按照这个方法，逐渐增加到1700千卡，增加之后的量对体重基数较大的人来说也基本上可以适应了。适应三天到一周，可以再减回正常的1200千卡和1500千卡的减肥食谱。

如果食物吃不完怎么办？跟刚刚讲过的相反，可以适量减少食物。减少原则相对简单，只要减少主食就可以了。先把菜吃完，吃不下的主食可以剩。

营养补充剂

有大量的研究证据表明，肥胖人群中普遍存在多种维生素与矿物质缺乏的情况，如肥胖人群中钙、镁、铁、锌、铬、维生素D、维生素C等普遍摄入不足。适当补充维生素D制剂和钙有利于减重。

九宫格配餐法是基于"限能量平衡膳食"的配餐方法，针对普通人做了更简化的普适性饮食方案，以基本满足宏量营养素的需求，适合所有人群长期减重使用。但是，为了避免出现微量营养素不足的问题，减肥的同时建议预防性服用复合维生素矿物质，以防止营养缺乏。营养素的缺乏在短时间内不易显现，毕竟体内之前会有一些储备，但为了预防这种情况的发生，从减肥就开始补充比较稳妥。

矿物质、维生素不是药物，进入体内也是起到原有的特定作用，不需要肝肾代谢排毒，按照说明书上的剂量服用就可以。建议购买大品牌产品，品质相对有保障。需要注意的是，不要叠加服用各种营养补充剂，比如已经买了复合的维生素矿物质补充剂，又单独吃了维生素D。要注意剂量问题，营养素并不是吃得越多越好，也是有安全摄入范围的。

食谱替换，简单得像搭积木

什么是食谱替换

食谱替换就像搭积木，一桶积木里会有很多相同形状、不同颜色的积木，把每一大类食物想象成某一种形状相同但颜色不同的积木，比如长方形的代表蔬菜、半圆形的代表水果、圆形的代表蛋

类、正方形的代表鱼禽肉、圆柱形的代表奶类、三角形的代表主食……示范食谱就像一座已经搭好的积木城堡。

进行食谱替换，实际上就是在每一类（同一种形状的积木）食物当中寻找可以替代的食材（积木），比如黄瓜换成小油菜、鸡蛋换成鹌

鹌蛋、米饭换成馒头等。这样就可以根据本地的食材和季节变换，并且在一定程度上根据自己的喜好来选择，简单易行！

为什么要学习食谱替换

网络上减肥食谱满天飞，其中不乏很多专家制作的食谱，按说拿来主义的成本已经够低了，但实际上大部分人只是在不断地点击、收藏、转发，真正按照食谱去做的人少之又少。为什么会这样呢？道理其实很简单——再完美的食谱，如果在家附近买不到相应的食材，也很可能将其束之高阁；再好吃的食物，连续吃上一周，恐怕也会失去兴趣。所以，学会自己编制食谱是非常有必要的。

制作食谱最重要的原则是简单、实用、好操作。快速地替换食材，一天的食谱就可以迅速替换成一周的食谱，每天都可以吃得不重样。

主食的替换

主食，顾名思义，主要的食物。在过去的几千年，主食一直在中国人的饭桌上占有一席之地，谁能离开那碗饭呢？陕西人表示，我们可以——因为我们更爱面食！这是句玩笑话，实际上米、面都是主食！

中国人有多爱主食呢？你大概了解一下中国各地的传统小吃和传统美食，就不难发现，它们绝大部分都是主食！聪明智慧的中国人将各种主食创作出了上千种花样！

我们离不开主食，这是几千年来延续的饮食习惯，更是生理需要。但减肥需要控制好主食，否则减肥很容易前功尽弃。这其中就有一个度的把握。掌握下面的替换表，就可以熟练地掌握主食的替换方法。

以女性的1200千卡标准为例，例如，早餐的主食是50克，示范食谱中30克的大米和20克的红米可以替换成什么？

50克大米（生）同等能量替换表

食物名称	食物重量（克）	食物名称	食物重量（克）
大米/面粉/杂豆/杂粮（生）	50	米饭	130（熟）
挂面/意大利面（生）	50	馒头/花卷	80（拳头大小）（熟）
红薯/马铃薯/山药/芋头/莲藕（生）	200	烙饼	70（熟）
鲜玉米（带棒）（生）	350（一根）	米粥	375（熟）
		切片面包	55（一片）
		油条	45
		饼干	40

注：每50克大米（生）提供的能量约180千卡。

食谱替换最基本的原则是能量相同，也就是说替换的每份食物之间能量是相同的，而食物的数量可以根据能量而变化，比如50克大米跟130克米饭所含的能量基本相同。

1.大米/面粉/杂粮/杂豆（生重）

50克大米（生）换成50克面粉/杂粮/杂豆（生）。

这些食物都是谷物，干的重量下它们的能量差不多。它们的数量可以进行1∶1替换，比如50克大米换成50克面粉，或换成40克大米和10克黑米，或换成35克大米和15克绿豆。只要加在一起的总重量是50克就可以。

杂粮包括：黑米、小米、红米、燕麦米、燕麦、薏米等。

杂豆包括：绿豆、红豆、豇豆、红腰豆、鹰嘴豆、白扁豆等各种豆类。

2.挂面/意大利面（生重）

50克大米换成50克挂面/意大利面（生）。

这些也是指未烹饪的干面，它们的数量也可以进行1∶1替换，比如50克大米换成50克挂面，或者换成50克意大利面。

3.红薯/马铃薯/芋头/山药（生重）

50克大米（生）换成200克红薯/马铃薯/芋头/山药/紫薯/木薯/荸荠/菱角等（生）。

它们跟大米的替换方法是50克换200克，也就是说50克大米可以换成200克红薯，或者换成200克马铃薯，或者换成200克山药，等等。当然，将它们组合在一起共计200克也是没有问题的。莲藕、荸荠/马蹄、菱角等是准薯类，虽然它们不是薯类，但成分与薯类很接近，替换的时候可以放在一起。

4.鲜玉米（生重）

50克大米（生）换成350克玉米（生，带棒）。

玉米也是蔬菜，但同样适合做主食，道理跟上面的红薯、马铃薯等是一样的。50克大米换成鲜玉米可以吃350克，差不多是一根玉米。当然，这里指的是整根带棒的玉米。

看起来同样是主食，吃玉米、红薯要多吃很多，比较划算！

以上讲的都是食物的生重，也就是还没有烹饪的食物的重量。有些情况下没有办法对生的食物进行称重，特别是主食。下面接着为大家介绍一些可替换的熟的食物重量。

5.米饭（熟重）

50克大米（生）换成130克米饭（熟）。

130克米饭大概半碗，当然，有些人喜欢米饭软一点，加水多一些，有些人喜欢米饭硬一点，加水少一些，数量上肯定也会有些差异，但是为了简单好记，统一成130克。对食物计量得更精准，减肥效果会更好，但相应地，就要多花一些时间。效率跟准确度需要一个平衡点。对于减肥者来说，估算可以换取更短的操作时间，这样更容易长久执行下去。

6.馒头/花卷（熟重）

50克大米（生）换成80克馒头/花卷（熟）。

我国很多省份的居民是以面食为主，馒头和花卷是这些地区餐桌上少不了的主食，甚至食用频率远远超过米饭。如果是自己做的馒头就比较好计算。假如用500克面粉做出10个馒头，那1个馒头自然就是50克面粉做的。如果是外面买的馒头就不能这么计算了，由于馒头的含水量都差不多，那么只要称重是80克的馒头或者花卷就可以了。

7.烙饼（熟重）

50克大米（生）换成70克烙饼（熟）。

换成烙饼的重量只有70克，是因为烙饼的时候多少都会放一点儿油，起码要在锅底刷点儿油，油的能量自然也要算进去，所以烙饼只能换成70克。

8.米粥（熟重）

50克大米（生）换成375克米粥（熟）。

虽然表格里写上了粥，但是不太建议大家替换成粥，为什么呢？因为米饭重量差不了太多，粥的差距就太大了，在外面的饭店里喝的粥比较稀，水特别多；自己家里做的粥可能特别稠，水放得少。水又没有能量，米的数量差距大导致能量偏差会很大，不好掌握。所以，如果要喝粥的话，最好还是自己在家里做，可以先对米进行称重，再熬制成粥。

9.切片面包（熟重）

50克大米（生）换成55克切片面包（熟），大概是一片。

如果换成面包，为什么只能是55克呢？看起来更少了。你如果自己动手做过面包，你一定知道少油的原味面包的味道会让人很失望，也会明白外面的面包口感好是因为放了很多油、很多糖。加了油和糖的面包的能量增加了，所以只能吃55克，也就是一片大一点的切片吐司面包。

10.油条（熟重）

50克大米（生）换成45克油条（熟）。

油条配豆浆是很多地区常见的早餐品种之一。一根油条大概含400千卡左右的能量，再配上一杯加糖的豆浆，营养差不说，能量还严重超标。某西式快餐的一根油条大概就是45克，换成这样的小油条，只能吃一根。

从饱腹感的角度来说，面包片、烙饼、油条都不是合适的选择，道理很简单——体积小、能量高，吃不饱还饿得快！

如果换成玉米的话，这个数量就比较可观了，带棒的鲜玉米可以吃350克，大概就是一根比较大的玉米，同时饱腹感也很强，最主要是眼睛的"满足感"也很强。换成红薯、芋头等薯类，可以吃190克（190克红薯看起来比一个拳头稍大一点），而且薯类的膳食纤维含量比较高，经常用薯类替换主食或者一部分主食也是比较好的主食替换方法。

蔬菜的替换

在减肥这件事情上，性价比最高的食材非蔬菜莫属。大部分蔬菜饱腹感强、体积大（比较占地儿），能量又低。

蔬菜还含有丰富的矿物质、维生素和膳食纤维。根据相关数据统计，中国人的维生素C有90%以上是从蔬菜中摄取的。这个数字很惊人吧？看起来貌不惊人的蔬菜，对人体维生素C的贡献量竟然完胜人们脑海中闪现的水果。并且，蔬菜在我们每天的食材中占有很大的比例。把蔬菜吃好了，减肥之旅会少走很多弯路。

我国的蔬菜品种非常多，常吃的蔬菜种类有一百来种，全国各地还有很多本地独有的特色蔬菜品种，因此，我们对蔬菜的分类也只能是个大概，无法详尽收录。在表单中没有的蔬菜可以根据蔬菜的外观及特点自行对号入座，营养成分相差不会太多。

一天需要摄入500克蔬菜，下表列出的是100克蔬菜可以替换成的种类，一天所需的500克蔬菜可以是各种蔬菜的组合模式。

100克蔬菜同等能量替换表

食物	食物重量（克）	食物	食物重量（克）
白菜、小白菜、菠菜、油菜	100	青椒、辣椒、彩椒	100
韭菜、菜心、茼蒿、鸡毛菜	100	花菜、西蓝花	100
芹菜、茭白、莴笋、芥蓝	100	芸豆、四季豆、冬笋	50
西葫芦、西红柿、茄子	100	苜蓿、苦菊、蕨菜	50
黄瓜、冬瓜、苦瓜、南瓜	100	胡萝卜、蒜苗、洋葱	50
白萝卜、青萝卜	100	蒜薹	50
水发木耳、金针菇、口蘑	100	毛豆、鲜豌豆、百合	15
绿豆芽、水浸海带、裙带菜	100	黄豆芽	50

注：每100克蔬菜可提供能量20千卡左右。

1.叶菜类

100克换100克。

大白菜、小白菜、油菜、菜心、菠菜、茼蒿、韭菜、鸡毛菜、圆白菜、茴香、芹菜、芥蓝、空心菜、苋菜、龙须菜、乌塌菜、羽衣甘蓝、娃娃菜、生菜、西蓝花等。这里无法囊括所有品种，不过叶菜类的能量基本差不多。推荐大家多多选择各种叶菜。

2.茄瓜类和根菜类

100克换100克。

黄瓜、茄子、彩椒、丝瓜、冬瓜、西红柿、苦瓜、南瓜、辣椒等茄瓜类，白萝卜、青萝卜、心里美萝卜等根菜类。

3.菌藻类和豆苗类

100克换100克。

鲜蘑、口蘑、金针菇、水浸海带、裙带菜、水发木耳等各种鲜

（含水分）的菌藻类，绿豆芽、豌豆苗等豆苗类。

4.鲜豆类及豆苗类

100克换50克。

四季豆、芸豆、豇豆、荷兰豆等鲜豆类和黄豆芽等豆苗类的水分含量低，相对而言，能量要比普通蔬菜略多一些，因此如果要吃四季豆等鲜豆类的话，重量就要减半。

5.野菜

100克换50克。

苜蓿、苦菊、苦苣菜（苦菜）、蕨菜等野菜类也是由于含水量相对来说少一些，所以兑换的比例就要减半了。

6.其他，如洋葱/胡萝卜/蒜苗

100克换50克。

胡萝卜水分含量少，能量相对会高一些，但由于胡萝卜经常只会作为配菜，很少有人大量食用，所以不用太在意那一点重量。

7.毛豆/鲜豌豆/百合

100克换15克。

很多人知道毛豆好吃，但不知道毛豆其实就是黄豆的幼果，毛豆长大了就成为黄豆了。所以，毛豆其实是可以替换豆制品的。毛豆的能量较高，不能把它当作蔬菜来吃。

8.黄豆芽

100克换50克。

黄豆芽和绿豆芽可不是一回事！黄豆芽的原料是黄豆，即使跟绿豆发成的绿豆芽看起来有点像，但实际上口感和能量上却不一样，黄豆芽口感偏硬一些，能量也比绿豆芽高出一倍。炒黄豆芽的时间也几乎要比绿豆芽多出一倍才能入口。

• 大部分蔬菜的能量差不多，可以按照1:1的比例进行替换，只有一些特殊的蔬菜需要大家注意。

• 胡萝卜水分含量少，所以能量相对会高一些，但是鉴于大部分人只是把胡萝卜当成点缀，所以不用太纠结其重量。

• 蔬菜多吃一点要不要紧？大部分蔬菜的能量都比较低，每100克大概20千卡，所以多吃一点儿没关系，只要在做蔬菜的时候没有放入过多食用油。多吃蔬菜一定是一个好习惯。

水果的替换

水果每天只能吃100克，这并不是说水果不重要、没营养，只是因为减重期间我们尽量"减能不减量"（减能量不减食物量），还要尽可能保证营养均衡。在这个前提下，总要做出一些更优化的选择，因此只好让水果委屈一下了。

我有一位学员，总说自己吃得少，坚持了很久晚上都不吃饭，可还是一直胖。难道命运真的对她那么不公平吗？错！当我仔细询问了她的饮食状况才知道，她晚餐的确不吃饭，但吃的是水果。吃多少呢？按她描述的，几乎经常是按盆吃，1千克的水果可能不知不觉就吃进去了！不要以为水果就是水，1千克的水果可比一个汉堡的能量还要高！

100克水果同等能量替换表

食物	食物重量（克）	食物	食物重量（克）
苹果、梨、桃	100	草莓、杧果、阳桃、西瓜	150
橙子、柑橘、柚子	100	杨梅、李子、杏	150
猕猴桃、火龙果	100	哈密瓜、甜瓜、白兰瓜、木瓜	150
葡萄、红提子、樱桃	100	香蕉、柿子、山竹、石榴	70
蓝莓、桑葚、树莓	100	冬枣、鲜大枣、波罗蜜	50
菠萝、番石榴、枇杷	100	牛油果、榴梿	30

注：每100克水果可提供能量50千卡左右，尽量不要选择榴梿、大枣、牛油果、西瓜。

大部分常见水果的能量都在每100克50千卡左右，也就是说它们之间互换的比例是1∶1。在这里，我们来说一些"不普通"的水果吧！

1.草莓/杧果/西瓜

100克苹果换成150克草莓/杧果/西瓜。

草莓、杧果相对来说是比较甜的水果，没想到又好吃能量又低，就是这么给力，可以吃到150克呢。虽然西瓜能量不高，但不建议选择，原因是实在太容易吃多了。另外，西瓜放进冰箱之后，甜度还会上升（西瓜含果糖比较多，低温情况下甜度会增加）。在炎炎夏日里捧着从冰箱里拿出来的冰镇西瓜吃，简直太爽了！殊不知，不知不觉半个西瓜下肚了，就算接下来不吃饭了，它的能量也绝对不比一顿饭少！

2.哈密瓜/甜瓜/白兰瓜/木瓜

100克苹果换成150克哈密瓜/甜瓜/白兰瓜/木瓜。

挑到一个好的哈密瓜，你会发现它的口感并不比西瓜差。如果想吃冰镇的水果，哈密瓜和各种蜜瓜都是不错的选择。哈密瓜的口感比西瓜硬一些，而且没有西瓜的含水量大，所以饱腹感会略强一些，自然也不容易吃多。

3.香蕉/柿子/山竹/石榴

100克苹果换成70克香蕉/柿子/山竹/石榴。

香蕉可以吃70克，基本上就是半根香蕉。像柿子、山竹、石榴这类季节性很强的食物，在季节到来的时候还是要打打牙祭的，毕竟很多美味一错过就要再等一年。我们需要做的是，适当用其他食物替换，食不过量就行了。

4.冬枣/鲜大枣/波罗蜜

100克苹果换成50克冬枣/鲜大枣/波罗蜜。

很多人都喜欢吃新鲜的大枣，一口咬下去，满口的"甜蜜蜜"。但是，吃的时候很幸福，肉甩不掉的时候就难过了！鲜大枣的能量已经接近米饭的能量了。毫不夸张地说，吃一口鲜大枣等于吃一口米饭。吃一小盆鲜大枣的人，自己反思一下吧！

5.牛油果/榴梿

100克苹果换成30克牛油果/榴梿。

牛油果、榴梿是近些年来的网红水果，关于这些网红食材，我后面有一章关于减肥食物的百科知识，里面会详细介绍。牛油果和榴梿的能量甚至比米饭还高，替换之后每天30克的水果量真的只能说"聊胜于无"。如果想多吃，只能替换成其他食物，在食物本来就"克克计较"的减肥期间，我建议就偶尔吃吃吧！

肉类的替换

大部分肥胖人士都是无肉不欢的，毕竟跟寡淡的蔬菜比起来，荤菜更好吃！可是，随着我们生活水平的提高，越来越多的肉类摄入也给我们带来了麻烦。有越来越多的证据表明，肉类摄入过量也是有问题的。

2015年10月，世界卫生组织下属的一个国际癌症研究中心（IARC）发布的致癌物名单中加工肉类是1类致癌物（致结肠癌或大肠癌），而红肉（主要指猪、牛、羊肉）是2A类致癌物（2A致癌物对人的致癌数据有限，但数据证实对动物会致癌）。这条信息表明，加工肉类致癌跟吸烟致癌一样明确（可信度），所以加工肉类（后面我们有大概的品类说明）一定不要吃或者尽量少吃；红肉对人类的致癌性虽然不明确，但也最好控制每天食用的数量，不能毫无顾忌地随便吃。另外，很多肉类中含有较多的饱和脂肪，摄入过多饱和脂肪会增加患心脑血管疾病的风险。所以，肉类吃多了真的不是什么好事！但是，我们不能忽略的是，畜禽肉同时含有丰富的蛋白质，蛋白质是我们最重要的营养素，要保证摄入人体所需的蛋白质，离开肉也是不现实的。

所以，在肉类的选择上我们要两手抓，注意"保质保量"。一方面，注意选择有品质的肉类；另一方面，要注意控制每天肉类的摄入量。

50克瘦肉（生）同等能量替换表

食物名称	食物重量（克）	食物名称	食物重量（克）
瘦肉/猪、牛、羊肉（生）	50	鸡肉/鸭肉（生）	50
猪排骨	70	整只鸡、鸭、鹅（生）	75
肥瘦猪肉	25	鸡腿（生）	70
猪肉松/牛肉干/熟火腿	20	鸡翅（生）	70
兔肉	100	炸鸡/烤鸡/烧鹅	50
酱肘子	35	鸡胸脯肉（生）	70
酱牛肉/肉肠/叉烧肉	35	烤鸭	25

注：如果有食品标签，请关注其能量相当于90千卡，即380千焦耳（kJ）。

1.瘦肉/猪、牛、羊肉（生重）

50克瘦肉（生）换50克瘦牛肉/瘦羊肉（生）。

只要是瘦肉，猪肉、牛肉、羊肉都是可以的。

2.猪排骨

50克瘦肉（生）换成70克猪排骨（生，带骨头）。

排骨的脂肪含量高，吃起来肉味更浓，嚼起来更香，自然也受到更多人的喜爱。70克排骨大概只有2块。

3.鸡胸肉（生）/鸡、鸭、鹅肉（带骨、带皮，生）/鸡肝（生）/猪肝（生）

50克瘦肉（生）换成70克鸡胸肉/鸡、鸭、鹅肉（带骨、带皮，生）/鸡肝（生）/猪肝（生）。

瘦肉可以换成70克鸡胸肉，因为鸡胸肉的脂肪含量低，蛋白质含量高。它是健身期间增肌减脂的首选食物。

鸡、鸭、鹅肉只要带骨头都是70克，比如鸡腿肉、鸡翅等。整只鸡除了鸡胸肉之外的其他部位脂肪含量还是不容小视的，特别是鸡、鸭、鹅的皮脂肪含量很高。如果使用不粘锅煎鸡翅，完全可以不放油。在高温的作用下，鸡翅的油脂很快会冒出来。如果不吃皮，可以参考下面的替换方法。

4.鸡肉/鸭肉（生）

50克瘦肉（生）换成50克鸡肉/鸭肉。

不带皮的、没有骨头的鸡肉和鸭肉都可以吃50克，这个兑换尺度跟瘦肉差不多。鸡、鸭、鹅肉是我们经常说的白肉，去掉皮的部分营养价值很高，属于高蛋白、低脂肪食物。不过因为鸡这种小家禽容易生病，且生病后死亡率很高，很多时候需要一些预防性用药，因此应选择来源可靠的鸡、鸭、鹅肉。

5.酱牛肉（熟）/肉肠

50克瘦肉（生）换成35克酱牛肉/肉肠。

瘦肉含水量比较大，而肥肉几乎没有水分，所以烹饪后的瘦肉在重量上会产生较大变化。制作酱牛肉至少需要40分钟，这个过程中牛肉会丢失很多水分，导致烹饪之后的"掉秤"，50克牛肉制作成酱牛肉差不多只剩35克。同理，肉肠也是一样的。

6.五花肉/叉烧肉/烤鸭

50克瘦肉（生）换成25克五花肉（生）/叉烧肉（熟）/烤鸭（熟）。

从健康的角度来讲，不建议这么替换，而且替换之后实在是太少了，差不多相当于男性一根食指大小。当然，偶尔替换也在情理之中，毕竟高脂肪的肉更好吃一些。

7.兔子肉/鸭血

50克瘦肉（生）换成100克兔子肉（生）/鸭血（熟）。

再次强调一下，我在前面提到的50克肉类指的是瘦肉！为什么还要再强调一下呢？大家仔细观察表格会发现，肉类替换的数量跨度非常大，50克的瘦肉可以与100克兔子肉替换；如果换成带骨头的猪排骨是70克（别忘了去掉骨头后肉差不多只剩下一半的重量）；要是换成五花肉，就只有25克了。

我们替换食物的标准是能量相同，也就是说，替换之后的食物重量中所包含的能量基本一样。25克五花肉、70克带骨头的排骨，跟50克瘦肉的能量是差不多的，这些食物重量不同但是能量相同。一句话，减肥期间离不开对食物能量、蛋白质含量、重量的性价比的考量。

鱼虾水产类的替换

鱼、虾、贝类是典型的高蛋白、低脂肪的食物，特别是一些富脂鱼类，虽然鱼肉本身富含脂肪，但别忘了鱼油就是从鱼的脂肪里提炼出来的，吃鱼的同时还可以补充n-3多不饱和脂肪酸，一吃两补，一举两得！

50克三文鱼（生）同等能量替换表

食物名称	食物重量（克）	食物名称	食物重量（克）
三文鱼、银鳕鱼	50	巴沙鱼	100
大黄鱼、鳝鱼、黑鲢、鲫鱼	80	河蚌、蚬子（带壳）	200
带鱼、鲤鱼、鲅鱼	80	螃蟹（带壳）	200
龙利鱼、金枪鱼、鳕鱼、鲍鱼（去壳）	80	对虾（带壳）	200

1.三文鱼/银鳕鱼

50克三文鱼换成50克银鳕鱼。

处理之后的三文鱼和银鳕鱼几乎无刺，而且很容易切分成块，特别适合减肥餐的烹调。虽然银鳕鱼的能量略高一些，但考虑到它的营养价值很高，又属于比较高档的食材，不会经常吃，所以按照1∶1替换。

2.大黄鱼/鳝鱼/黑鲢/鲫鱼/带鱼/鲤鱼/鲅鱼

50克三文鱼换成80克大黄鱼/鳝鱼/黑鲢/鲫鱼/带鱼/鲤鱼/鲅鱼。

这些鱼一方面比三文鱼的能量略低一些，另外一方面它们本身的鱼刺在烹调的时候无法取出，也占了一些分量，所以大概替换80克就可以了。

3.龙利鱼/金枪鱼/鳕鱼/鲍鱼（去壳）

50克三文鱼换成80克龙利鱼/金枪鱼/鳕鱼/鲍鱼（去壳）。

龙利鱼、金枪鱼等这几种鱼儿刺儿也都很少，鲍鱼去壳之后就是厚实的肉，这些品种都比较方便制作减肥餐，营养价值也很高。因为能量普遍比三文鱼低，换算之后可以多吃一些。

4.巴沙鱼

50克三文鱼换成100克巴沙鱼。

巴沙鱼的刺很少，市面上出售的巴沙鱼通常是处理完的无刺的鱼肉。它的水分含量很高，这注定它的能量相对偏低，比起其他的鱼还可以再多吃一些。

5.河蚌/蚬子/螃蟹/对虾（带壳）

50克三文鱼换成200克河蚌/蚬子/螃蟹/对虾（带壳）。

河蚌、蚬子、螃蟹、对虾这些带壳的虾蟹贝类很难在烹调前处理，直接称重就可以了，大概都是200克的量。一方面，它们的壳也占一定的重量；另一方面，虾、蟹、贝类跟鱼类相比，蛋白质含量更高，脂肪含量更低，从能量的角度上还可以再多吃一些。

奶类和豆制品的替换

奶类是补钙食物的首选，每250克脱脂牛奶的钙含量大概相当于人体每天所需钙的三分之一。有多项调查研究结果表明，肥胖人群中普遍存在着多种维生素与矿物质的缺乏，如很多肥胖人士的钙、维生素D摄入不足。摄入充足的钙和维生素D有助于减肥。

奶类和豆腐干提供的关键营养素比较接近，它们都含有丰富的蛋白质和钙。这两大类食物主要是解决钙摄入的问题。如果这两类食物都不吃，在老年之后很容易患骨质疏松。它们加在一起的钙含量可以占到我们全天推荐钙摄入量的60%以上，其他食物很难跟它们媲美。

250克奶类、50克豆腐干同等能量替换表

食物名称	食物重量（克）	食物名称	食物重量（克）
脱脂牛奶	250	豆腐干	50
全脂牛奶	150	北豆腐	65
酸奶（一小杯）	120	南豆腐	120
无糖酸奶	150	素鸡	50
奶酪	25	内酯豆腐	200

注：奶类和大豆类摄入不足需要补充钙。

1.脱脂牛奶/全脂牛奶/无糖酸奶

250克脱脂牛奶换成150克全脂牛奶/120克酸奶/150克无糖酸奶。

脱脂牛奶跟普通牛奶的差别是脱脂牛奶去掉了脂肪，减少了差不多将近一半的热量，对于减肥同时又需要营养均衡的人来说喝脱脂牛奶再划算不过。

普通牛奶跟酸奶之间的差别是酸奶里额外加了糖，所以脱脂牛奶可以喝250克，换成全脂牛奶就是150克，换成加了糖的酸奶就更少了，只能喝120克。不过，如果酸奶没有加糖，比如自己在家用酸奶机做的酸奶，也就是没有额外增加能量，这样，250克的脱脂牛奶可以换成150克的无糖酸奶。说到底，它们还是按照能量来换算的。

提供酸奶这个选项主要是因为有些人喝不惯牛奶或者喝了牛奶之后因为乳糖不耐受出现腹胀甚至腹泻等不适症状（第六章会为大家介绍"乳糖不耐受"的解决方案）而放弃了饮奶，所以我们提供了一个替代方案。

需要注意的是，如果一杯酸奶所含的碳水化合物超过12%，这款酸奶基本上就不要选了。这种酸奶加糖加得太多，好处是让人更喜欢喝，坏处是藏着让你长肉的能量。

2.豆腐干/北豆腐/南豆腐/素鸡

50克豆腐干换成65克北豆腐/120克南豆腐/50克素鸡。

豆腐之间的换算也比较简单，因为减肥期间对于钙的需求只多不少，所以能够选择的范围就更窄了。

北豆腐：加工制作过程中用了卤水作为凝固剂，相对来说钙含量多一些，硬度高一些。

南豆腐：加工制作过程中使用石膏作为凝固剂，钙含量也很丰富，硬度低一些，口感当然也更软一些。

豆腐干/素鸡：跟豆腐的制作工艺差不多，只是含水量更低一些，所以相对的钙含量也会更高一些。

内酯豆腐：制作的过程中加入了不含钙的凝固剂，水分含量高，很水嫩，钙含量非常少。虽然内酯豆腐也是豆制品，但是在减肥期间除非摄入的其他食物中钙来源比较充足，或者已经额外补钙，否则不建议用来替换。

蛋类的替换

鸡蛋的营养非常全面，几乎是一种完美食物，而且做法多样，甚至一周可以不重样，因此建议大家每天吃一个鸡蛋。

鸡蛋相对来说替换比较简单。一个中等大小的鸡蛋基本上去壳的重量就是50克左右，所以我更喜欢说1个鸡蛋，这样表达更便于记忆。鸡蛋能替换的食物是：一个鸡蛋=6个鹌鹑蛋=50克鸭蛋=50克鹅蛋。

鸭蛋通常会比鸡蛋大一些，鹅蛋相比较来说就更大了，所以只能按重量来替换。

蛋白质类食物的替换

蛋白质类食物同等能量替换表

食物名称	食物重量（克）
鸡蛋	50
瘦肉	50
三文鱼	50
豆腐干	50
脱脂牛奶	250

鸡蛋、瘦肉、三文鱼、豆腐干都是蛋白质类的食物，在某些情况下是可以互相替换的，比如某些人对鸡蛋过敏，在食材的选择上不能选择鸡蛋等蛋类，就可以选择其他的蛋白质类食物作为替代方案；或者今天一天都没有办法外出采购，家里只剩瘦肉了，那就连吃两顿瘦肉也无妨。

豆腐干更适合与牛奶进行替换，因为豆制品和奶是我们每天钙的重要来源。我们如果因为爱吃肉就顿顿吃肉，还把奶和豆制品都换成肉和鱼虾，这种做法肯定不可取，因为钙的摄入不够。缺钙在短期内看不出对人体有什么影响，也没有什么不适的感觉，更不会造成疼痛，但通常发现的时候已经是骨质疏松了！因此，钙摄入不足的情况下要注意补充钙和维生素D。

养成估重的习惯，练就"火眼金睛"

曾经有很多减肥不理想的学员跟我抱怨："老师，我吃得也不多，都是按照九宫格配餐方法吃的，怎么就是瘦不下来呢？为什么别人减重的效果那么好，我就不行。哎，我就是喝凉水都胖的人呀！"

这真的是一个好理由——我天生容易胖，并不是我没努力！可实际情况呢？当我仔细询问他们的饮食，看他们拍摄的一日三餐的照片，很快就发现了真相——这些学员大都没有对食物进行称重，只是自己进行了简单的估重，而且估重的方法非常随意，就是"觉得差不多"，而他们吃的食物远远超过了他们"以为"的摄入能量！真的是吃的时候开开心心，一上秤就伤心欲绝！

养成定量用餐的习惯并不难，这种精确地计算自己饮食的习惯并不需要太长时间，只需要1周左右就可以了。

还是回到我们最初的目标——培养一个跟未来的理想体重相匹配的胃。

对食物的量的把控主要有两种方法：第一种方法是用食品秤称重，第二种方法是用"参考手势法"估重。

在家吃饭可以用食品秤称重，如果时间很紧张来不及称重，或者中午在单位吃工作餐无法用食品秤称重，那也不是无计可施。教大家一个非常好用的方法——"参考手势法"，借助手或者生活中常见的一些物品，轻松估算食物的重量。

　　估算食物重量的方法有两种。第一种是估算生的食物的重量，主要适用于自己做饭的情况；第二种是估算已经煮熟的食物的重量，适用于家人做饭或者在外就餐的情况。

食品秤称重的要点

　　用食品秤称重是把控食物量的首推方法。因为用食品秤称重更精准，而且称重的时间长了，很容易练成火眼金睛，看一眼食物就能估算出它的重量。通过长期称重对比之后你会发现，不同的食材即使重量相同，体积也可能相差很多倍。

　　1.准备食品秤

　　准备一个称重的食品秤，精确到克就可以。这样的设备很便宜，比如几十块钱的烘焙食品秤就足够用了。

　　2.称重要称食物的净重

　　食谱当中所有的食物都是净重，也就是说买回来的食材要进行简单处理，比如不能吃的烂菜叶要择掉，不能食用的部分要去掉，这才是要称的重量。所以，在称重之前要对食材进行简单的处理。

　　3.称重要称食物的生重

　　大部分食物都是称生重，比如大米、绿豆、里脊肉、西蓝花等。因为烹调之后它们的重量就不稳定了，大部分食材经过烹饪之后，水分都会有所丢失。因此称生重的方法更准确。

　　4.有些食物可适当增重

　　鱼刺、骨头等也有重量，因此可以适当增加相应食材的称重数量。

教你估算生食物的重量

如果自己做饭或者做全家人的健康餐，就可以使用这种估算法。

1.米/杂粮/杂豆

一般家庭都会有带刻度的量杯，可以按照上面的刻度装米、杂粮或杂豆。

2.蔬菜

● 一把

像菠菜、茼蒿、莜麦菜、菜心等绿叶蔬菜，100克就是一把。一把指的是拇指和食指轻轻捏在一起围成的维度。

● 一捧

像油菜，特别长的韭黄、芹菜、蒜薹等蔬菜，或者是西蓝花、菜花这类需要处理一下的蔬菜，不方便用"把"来衡量，就可以用"捧"这个参考手势。两只手合在一起的一捧重量约100克。

一把

一捧

3.水果

● 半个网球

像网球那么大的苹果、橘子、梨的重量约为200克，如果是这类水果的话，每天吃半个就是100克。

● 一个猕猴桃

如果是柔软多汁的浆果类水果，比如猕猴桃，一个普通的猕猴桃去皮大概重100克，可以每天吃一个；如果是草莓、樱桃、蓝莓这样的小浆果，可以抓一把，大概就是一天可摄入的水果量。

4.鱼禽畜肉、豆腐干

● 猪、牛、羊肉

一份50克的肉大概为一个中等身材的成年女性的手掌心那么大，厚度与小手指的厚度相当。

● 鱼、虾

估算猪、牛、羊肉的方法同样适用于鱼肉。50克鱼也是掌心大小，厚度与小手指厚度相当。像三文鱼这种处理过、无刺的鱼肉直接用这种方法估算就可以，如果是带刺称重，则要多称10%左右。

50克豆腐干的体积跟瘦肉和鱼肉差不多，可以按照同样的方法估算。

50克肉

50克鸡蛋

5.鸡蛋

一个中等大小的鸡蛋去了

皮之后约为50克，一天食用一个中等大小的鸡蛋刚刚好。

6.牛奶

如果喝的是小盒装的奶就简单了，一盒奶通常就是250克。如果习惯购买大盒牛奶，可以去购买一个高度为12.5厘米、直径为5.9厘米的标准测量杯，这种杯子在超市里很常见，一量杯可装250克牛奶，每天一杯奶就可以了。

教你估算熟食物的重量

如果自己不经常做饭，或者是在外面吃饭，食物出现在面前的时候已经是熟的了，这种情况要如何估算重量呢？

1.米/杂粮/杂豆.

如果把一天150克的主食分成三等份，就是每顿50克。50克的米做出来的米饭大概是半碗饭，这个碗指的是标准口径的碗，碗的上沿的直径为11厘米，碗的高度为5.3厘米。大家可以先测量一下家里的碗是不是标准碗，如果不是，到超市里买一个即可。在家里吃饭，每顿主食的量就是半碗米饭。如果在外面或者去亲戚朋友家吃饭，碗很难量化，可以用自己一拳头大小来估算主食量。

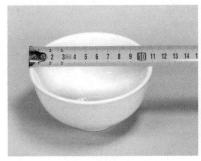
标准碗的直径

标准碗的高度

2.馒头/花卷

有的人爱吃面食，比如馒头、花卷。大家也可以用自己的拳头为参考标准进行估重。50克面粉做出来的馒头或花卷大概就是中等身材的成年女性的拳头大小，所以每顿主食也可以吃一个拳头大小的馒头或花卷。

3.蔬菜

蔬菜做熟之后重量差别很大，像小油菜这类绿叶蔬菜水分流失严重，而黄瓜这样的蔬菜就几乎没有影响。考虑到不增加食用油的情况下蔬菜的能量很少，所以多吃一点儿也无所谓。100克熟蔬菜大概是1个拳头那么多，所以一餐可以吃1～2个拳头那么多的蔬菜。

4.鱼禽畜肉、豆腐干

50克的肉做熟后通常都会缩水，体积大概会缩小三分之一。我们可以按照前面讲的估算生肉类的方法，煮熟后的肉类大概为三分之二个掌心大小的一块肉。

鱼煮熟后的体积变化不大，依旧是一块掌心大小的鱼肉（厚度与小手指厚度相当）。

豆腐干生熟差别不大，而且热量也不高，就算多吃了一点儿也不用纠结。

5.鸡蛋

鸡蛋煮熟依然是一个，如果做成炒鸡蛋，可以按差不多一个鸡蛋的体积估量一下。

以上是用参考手势估算食物重量的方法。不论是自己做饭还是外出就餐，都有相应的、简单的估算方法。可能刚开始进行估算时需要熟悉一下方法，但很快就能熟练掌握，就像吃饭之前要洗手一样，养成吃饭前先了解食物重量的习惯，掌控自己摄入的能量，不经意间就会帮助你保持好身材。

菠菜——生重200克

菠菜——熟重100克

海虾——生重200克

海虾——熟重200克

海虾——熟虾仁88克

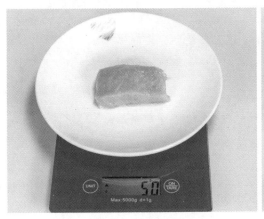
里脊肉——生重50克

里脊肉——熟重35克

科学选对主食，助你变瘦、变美

很多人抱怨自己喝凉水都胖，这是真的吗？国外有一部纪录片，他们专门做过这样的实验：将胖人和瘦人分为两个对照组，不需要跟踪他们的饮食（在跟踪情况下，人们很容易受到心理暗示导致饮食跟平时有很大偏差），只让他们先喝有标记的水（相当于可以追踪），然后实验者可以自由活动、正常进餐，并从事其他日常活动。一天结束之后，实验组根据做了标记的水来计算他们每天的能量摄入。最终的实验结果是——胖人比瘦人多摄入了很多能量。

有些胖人的确更能吃，有一个让人惊叹的胃，但还有很多胖人可能并没有比瘦人多吃多少食物。这时可以从两者在食物的选择上看出端倪。比如胖人爱吃肥肉、油炸食品，瘦人喜欢吃瘦肉，而且更爱吃蔬菜等。可见，食物的选择对体重结果产生了重大影响。

每一大类食物都有丰富的食材，选择哪一些、拒绝哪一些也是瘦下来的关键之一。因此，智慧地选择食物是减肥的必修课。这其中科学选对主食尤为重要。

很多人不太重视吃主食，认为它不重要，甚至有些人为了减肥不吃主食。这样的减肥在短期内会奏效，长期则可能存在一些健康隐患。均衡饮食是健康的基石，把某一大类食物排除在食谱之外，或者只让吃某种食物的减肥方法都要小心，它可能是一种流行一时的减肥骗局。一直以来，有无数人用失败的案例来证明——不吃主食的减肥方法大都靠不住。

想不到吧，这些都是主食

1.天然主食

●各种粮食

各种米、面、杂粮、杂豆的淀粉含量可以达到50%～80%，如面粉、大米、燕麦、小米、黑米、高粱等，它们是日常饮食中大家最常食用的主食。

●薯类

比如马铃薯、红薯、芋头等薯类的淀粉含量可以达到16%～24%。从分类上薯类归属于蔬菜，但是薯类的淀粉含量很高，能量几乎跟米饭是一个等级的，如果再加上烹调中附加的能量（糖或油），薯类的能量可轻易超过米饭等主食。相信有不少人是因为爱吃马铃薯做的菜把自己吃胖的。

2.主食类的加工食品

各种中西式面点无一不是主食，中餐的包子、饺子、面条、馅饼、馒头、花卷、烤饼、煎饼、豆包等，西式面点中的各种面包、蛋糕、饼干、蛋挞、曲奇等。

广受欢迎的油条、手抓饼、比萨、汉堡等也是主食，淀粉含量可以达到50%～70%，而且由于它们的脂肪含量比较多，能量更加惊人。如果油放得更多一些，淀粉比例会下降一些，但营养价值更糟糕。

3.让人意外的主食

粉丝、凉皮、藕粉等也是主食。它们的主要成分是淀粉，几乎不含其他的营养素，因此可以判定为纯能量食物，营养价值更差。

还有一些坚果的淀粉含量也比较高，如白果、莲子、板栗等，淀粉含量可以达到35%~70%，比薯类还要高，因此它们也可以算作主食。大家千万不要忽略了它们小小的身材里隐藏的巨大能量。

中式烹调中常用的水淀粉也是纯能量食物，而且它在厨房里出镜率很高，比如北方人爱喝的酸辣汤、炒肝，都没少放淀粉，这些统统要注意!

总结一下上述主食的共同特点，就是淀粉含量特别高，也就是碳水化合物含量高。除了主食以外，其他食物的碳水化合物都很少，特别是鱼、肉、蛋、奶，几乎是不含碳水化合物的，水果的碳水化合物略高一些，但也远远比不上主食。

不吃主食靠谱吗

主食，顾名思义，就是主要食物。

各种各样的主食为我们提供了全天一半左右的能量，有时甚至更高。这就不难理解为什么很多的减肥方法都会盯住主食不放，千方百计、各种套路地不让吃主食。

不吃主食减肥到底靠不靠谱呢?

主食是中国人传统饮食结构中不可缺少的一部分，也是中国人生存的根基。因此，就算能离开它一阵子，也不能离开它一辈子，这不光是因为习惯，更是因为我们需要它。

主食能给人体提供大量的葡萄糖，这正是大脑最喜欢的食物，是大脑最主要的能量来源。大脑不能利用脂肪和蛋白质来提供能量，所以一旦葡萄糖供应不足就会出现一些问题，比如低血糖。血糖低（血液当中葡萄糖浓度降低）刚开始没有明显症状，只是肚子咕咕叫，但如果没有及时进食很快就会感觉头晕、思维短路、注意力不集中，血糖浓度继续下降就会出现烦躁、易怒等更严重的情绪问题。这仅仅是一餐未进食主食发生的变化，如果长期这样呢？有些女生在不吃主食减肥一段时间后出现了心情抑郁，甚至引发暴饮暴食，导致减肥失败。总之，一句话——缺少葡萄糖，大脑很不满意。

主食能量占我们全天能量供应的近一半，如果主食摄入少甚至不摄入的话，能量来源严重不足，会有一部分肌肉蛋白质分解以提供能量，填补亏空。这会导致每天摄入的蛋白质就不够填补身体每天分解的蛋白质。长此以往，皮肤松弛、掉头发等糟糕的情况就会出现，更可怕的是，严重的蛋白质供应不足还可能吓跑女生的"大姨妈"。

肌肉分解蛋白质提供能量的情况当然不会一直持续，通常肌肉蛋白质分解到一定程度就会停止，身体开始大量动员脂肪分解提供能量。但这个时候葡萄糖来源不够，脂肪无法彻底氧化分解，会转而产生大量的酮体，身体很多器官都可以利用酮体的能量，包括大脑后期（一直挨饿的情况下）退而求其次也会利用酮体的能量。这一系列能量的转换看似身体开始正常运转，实则暗藏危机。

酮体有一种特殊的烂苹果味，也有人觉得像生锈的金属铜的味道，如果前一天晚上吃得过少，第二天早上口腔里可能就会出现这种味道。少量的酮体会造成口气稍差，但是在体内堆积过多的酮体可能引发酮体酸中毒（酮体酸中毒也是常见的糖尿病并发症之一），严重的会神志模糊，甚至导致昏迷。

更糟糕的问题还在后面。一些减肥方法把主食砍掉之后让减肥者随便吃肉，这听起来很美好，毕竟很多人无肉不欢。这样做的危害其实更多，摄入更多肉的同时摄入了更多的饱和脂肪，这实在是糟糕的选择。

这样吃主食，越吃越苗条

既然要吃主食，那怎么把主食吃好呢？

1.控制总量

减肥期间主食摄入的总量是一定要减少的，毕竟它占到了全天能量来源的一半左右，盯住了这类食物就盯住了容易发胖的食物。大家按照九宫格配餐方法当中的主食量吃就可以。需要特别提醒大家的是，如果吃主食时选择的是面条，一定要注意面和蔬菜的比例，不管是在家还是在外就餐，面的分量要比平时减半，并想办法增加蔬菜的比例，避免主食摄入超标。

2.养成多吃粗粮的习惯

摄入的主食减少了，更要精挑细选着吃，要多选择粗粮，增加粗粮的比例，养成多吃粗粮的习惯。

大米、白面是细粮（粗粮的名字就是相对于细粮来说的）。从稻米到精白米，不断地磨掉外面的营养层，这种精细加工的过程也是营养不断流失的过程。而粗粮的加工程度比较低，营养流失得少。

粗粮普遍富含膳食纤维，因此粗粮整体上的饱腹感比精米、精面高，多吃粗粮也符合营养减肥的秘诀：吃少、吃好，只吃七分饱。

粗粮包括哪些呢？

● 杂粮

小米、玉米、高粱米、黑米、燕麦、荞麦等都是不错的主食选择。

● 杂豆

像红豆、绿豆、扁豆、鹰嘴豆这样的杂豆类也是不错的选择。在这里要特别说明一下，黄豆、黑豆、青豆并不是粗粮，它们属于黄豆类，蛋白质高、脂肪含量高、碳水化合物少，在营养价值上属于蛋白质类食物。虽然它们和杂豆都是豆类，但从营养价值的角度来看，它们是完全不同的两类食物。

● 全麦粉、糙米

全麦粉和糙米也是很好的选择。用全麦粉和面粉混合做的面食不但营养价值高，口感上也更香、更有嚼头。

● 网红食材

藜麦、鹰嘴豆这样的网红食材都可以在做饭的时候加入一些，不但口感好，颜值上也常常带给人惊喜。

小贴士

常在外面吃饭的人最容易缺乏维生素B_1，因为餐厅和外卖的食物所含的维生素B_1几乎为零。而维生素B_1在能量代谢当中有不可或缺的作用，一旦维生素B_1缺乏，就会造成一系列的健康问题，轻则疲倦、健忘，严重的话会出现贫血、心悸等症状。

餐厅和外卖的食物中维生素B₁含量低的原因如下：

1.维生素B₁是一种水溶性维生素，在食材加工过程中很容易流失。比如，餐厅从食品安全角度出发，会使劲儿清洗蔬菜，可能还要提前很久反复浸泡蔬菜，这才能保证出餐的时候食材干净卫生，不会遭到投诉。水溶性维生素很容易在浸泡和清洗过程中流失殆尽。肉类反复清洗也会流失维生素B₁。

2.大部分餐厅都提供白米饭，很少提供粗粮（富含维生素B₁），而精米、精面本身就缺乏维生素B₁。

3.薯类可以代替部分主食

相对于米、面这些主食，薯类还是属于淀粉含量相对较低，同时饱腹感很强的食物，非常适合减肥人群食用。薯类还具有蔬菜类食物的营养特点，比如高钾低钠。另外，马铃薯的维生素C含量很高，每100克含14毫克维生素C，比很多水果（例如，苹果每100克只含维生素C3毫克）都高。

4.少吃加工主食

有一些加工食品中的主食要少吃，比如西式快餐中的汉堡、比萨、炸薯条、饼干、曲奇、蛋糕等；中式面点中的油条、油饼、千层饼、手抓饼等，都加了大量的油，也要少吃；零食当中的薯条、薯片、爆米花也属于高淀粉食物，要尽量避免食用。

5.传统美食浅尝辄止

各种传统节日美食，如月饼、汤圆、青团、粽子等，是我们的祖先充分发挥智慧创造出来的美食，但它们基本上都是高能量的主食。在食物匮乏和体力活动消耗极大的过去，它们能满足能量和口味的双重需要。现在，能量唾手可得，体力活动不断减少，这样的传统美食已然不能再随便吃了。

传统节日是一种文化的传承，不能丢弃，也不该丢弃，在仪式感满满的节日之时，少吃一点是最恰当的选择。

适合减肥的主食

1.燕麦片

推荐理由①——方便

速食燕麦片泡牛奶，非常方便，30克燕麦片泡在热牛奶中，不需要加热，很快就可以吃。

推荐理由②——饱腹

燕麦片富含一种特殊的膳食纤维——β-葡聚糖。膳食纤维遇水可以迅速膨胀，很快30克燕麦片就可以变成一碗浓浓的牛奶燕麦片。平时如果通过喝粥达到这种饱腹感至少需要50克的米。能不自觉地减少摄入，也是减肥最值得推荐的方法！

推荐理由③——好搭配

牛奶燕麦片+柠檬蔬菜沙拉，即是一顿很完美的早餐了。早餐这样食用，既不用担心营养摄入不足，又不用担心能量超标。

市面上的燕麦产品很多，大家千万别选错，可以通过看食品配料表选择燕麦片。如何判断购买的是不是真正的燕麦片呢？纯的燕麦片的产品配料后面应该只有两个字——燕麦，也就是说除了燕麦什么都没有。关于如何学会看食品标签详见第三章"养成看'食品标签'的习惯"相关内容。

2.全麦粉

很多人做面食习惯用精白面粉，觉得颜色越白档次越高。我建议大家换换口味，将一半面粉换成全麦粉。虽然这样做出来的面食颜色没有那么好看（发黑），但是营养价值很丰富。全麦面粉的膳食纤维含量比较高，这一点对于减肥人群尤为重要。另外，全麦粉的矿物质、维生素含量很高，本来受面粉中植酸的影响，做成饺子、面条等不需要发酵的面食之后的吸收率并不理想，但是，面粉发酵之后，植酸在酵母菌的作用下被破坏，这使全麦粉的矿物质、维生素的吸收率大大提高，比如包子、馒头、全麦面包等。总之，全麦制作的各种面食都很值得推荐。

3.白扁豆

白扁豆的膳食纤维含量几乎是主食当中最高的了，吃100克就能达到全天膳食纤维推荐量的一半以上。白扁豆的皮特别坚硬，吃之前一定要用水泡七八个小时才行。另外，单独吃它的口感可能不太好，可以做成杂豆饭或者杂粮杂豆粥改善口感。

高能预警，小心那些藏起来的高油、高糖食物

不止一个人跟我抱怨，说自己平时不爱吃油炸食品，也不怎么爱吃糖，但怎么还发胖？相信存在这种疑惑的人不在少数。问题究竟出在哪里？

油多、糖多的确是发胖的危险因素，但绝不是唯一原因。另外，那些让人欲罢不能的"美味"真的如宣传的那样少糖、少油吗？

我们经常说"眼见为实"，但有些时候并非如此，在减肥这条路上很多人恰恰是被"眼见为实"蒙蔽，导致看不清楚真相，因为——真相被藏起来了！想办法拨开迷雾，找一找那些无处不在、躲在暗处的油和糖，看看它们是怎么让人减肥失败的。

油多=胖，油藏在哪里

油无处不在，中式、西式的点心，天然的、人工的食材，还有主食、零食，就连小小的坚果，都暗藏着一大堆让人发胖的油。

看得见的油

1.菜里的油

菜肴里的油是最容易看到的油，很多家庭拿手菜的菜单上就

有几个典型的、油汪汪的菜肴，如地三鲜、锅包肉、炸肉盒、烧茄子等。

八大菜系里哪个菜系的油水最多，川菜当仁不让，水煮鱼、毛血旺、口水鸡、回锅肉、麻婆豆腐……当然，湘菜、鲁菜油水也不少。

2.天然食材里的油

排骨、五花肉、雪龙牛肉、三文鱼往往比瘦猪肉、牛腱子肉更受欢迎，究其原因，全在脂肪里。排骨的脂肪含量为32.7%，而瘦猪肉只有6.2%，所以瘦猪肉吃起来就没有那么香。当然了，五花肉、雪龙牛肉当中的脂肪是看得见的，比如雪龙牛肉，那些像雪花一样散落在牛肉当中的就是脂肪了！

看不见的油

1.坚果里的油

坚果很受欢迎，特别是花生、瓜子这样的坚果，真的是吃了就停不下来。我有一个朋友特别喜欢吃瓜子，靠着每天"坚持不懈"地吃半斤瓜子，一个月内成功胖了十斤。很多人会觉得纳闷，没看见坚果里有油呀！别忘了，很多坚果都是可以榨油的，比如花生可以榨出花生油，瓜子可以榨出葵花籽油，核桃可以榨出核桃油。这些油脂高的坚果脂肪含量都在50%以上，有些甚至更高，比如夏威夷果的脂肪含量达到了70%，用来榨油当然没问题。中国营养学会《中国居民膳食指南》建议，普通成年人每天摄入10克坚果。10克是什么概念？大概相当于2个核桃仁、10粒巴旦木、10粒大花生仁。现在你应该知道那些，没事儿就抱着一盒坚果，一边看电视一边吃个不停的人为什么瘦不下来了吧?

2.意想不到的高油食品

曾有学员信誓旦旦地跟我说,她在做手抓饼的时候不用放油,手抓饼会"自己冒油"。既然没放油,那这些油是从哪里来的呢?要知道,面粉里几乎是不含脂肪的!

原因很简单,在和面的时候先加入大量的油,饼皮制作好之后在低温储藏时油变成了固态(油被藏起来了),在购买的时候根本看不出来油汪汪的,只有加热了之后才会原形毕露。跟这个原理很像的还有曾经风靡一时的"非油炸"方便面,它和手抓饼配方一样,只不过做法不同而已!

类似的还有起酥面包、抛饼等,它们其实全都藏着一大堆油!

另外,饺子里可能也藏着一大堆油。亲手拌过饺子馅的人应该知道,饺子要想做得好吃需要放很多油,特别是素馅的饺子,蔬菜油脂含量很少,再加上蔬菜本身也没什么味道,想做得好吃一定要多放些油和调味料,这样吃起来才香,才能弥补蔬菜馅料在口感上的不足。当然,也不是说饺子不能吃,但建议在家吃,自己调馅油的用量更可控一些!

总结一下脂肪的秘密:凡是香喷喷的食物都是高脂肪食物,不管肉眼是否看得到，因为只有脂肪是可以给我们带来香味的。换言之，只要可以用"香"这个字来形容的美食，准是油多的！

减肥餐巧控油

高油是造成我们肥胖的元凶之一，要有计划地控制油脂的摄入，通过合理规划用油、改变烹调方式、调整就餐习惯，理论上是可以实现跟高油说"再见"的。如何控油呢？给大家4点建议。

1.计划用油，早餐尽量无油，晚餐少油

比如女生，全天只有15克烹调油的配额，实现起来还是有一定技术难度的，特别是午餐，很多人都在外面点餐，控油难度就更大了。所以，为了给中午留出足够的点菜空间，只能在早晚两顿饭上下功夫，尽量做到早餐无油，晚餐少油。

全家一起吃饭，按照单人的用油量乘以人数就可以了。比如，晚餐家里有3口人用餐，每人5克油，一共是15克油，如何分配这15克油就得在烹饪方面想办法了。

2.选择蒸、煮、炖等少油的烹调方法

像地三鲜、毛血旺、水煮鱼、干煸豆角这类油汪汪的菜就不能选择了，不管是在家自己制作还是在饭店里点菜，它们都应该是排除在食谱之外的。

不管是自己做饭还是在外就餐，应尽量选择蒸、炖、白灼等比较省油的烹调方法制作的菜品。如果晚餐要做两道菜，在定量用油的情况下，在两道菜当中要有一道菜用这种省油的烹调方法才可以。

3.少吃加工食品

食品加工业研发食品的基本逻辑是——让顾客埋单！从这个逻辑出发，大部分食品配方的目标就是好吃。为了达到这个目的，一方面，大量的油、糖和食品添加剂是无法避免的；另一方面，食品企业要达到利润最大化，从控制成本的角度考虑通常不会用太好的油，在加工食品的配料当中很少出现花生油、大豆油、橄榄油这样的成分，食品加工企业很多都是用棕榈油、精炼植物油、起酥油、氢化油等。关于食用油的内容在"养成看'食品标签'的习惯"一节会为大家具体介绍。

4.选择低脂的食材

脂肪酸的种类有很多，也不都是不好的，比如金枪鱼、三文鱼等深海鱼，它们的脂肪里主要是不饱和脂肪酸，对人的心脑血管健康有利，大量企业针对这个发现还开发了各种鱼油产品。吃这种富脂鱼，当然是值得推荐的。但是，另外一些天然食物，比如畜肉类和奶类当中的脂肪，它们主要是饱和脂肪，这种脂肪在减肥过程中是需要限制的。选择这类食物的时候，我们要尽量选择脂肪含量比较低的，比如脱脂牛奶、里脊肉、牛腱子肉等。

5.选择低脂调味品

不要选择沙拉酱和芝麻酱。

沙拉酱的主要原材料就是烹调油，传统做法是把一个鸡蛋和一点儿糖粉进行充分搅拌，在此基础上多次加入油，将蛋液和油混合均匀，再加入一些调味料，所以毫不夸张地说，吃沙拉酱就是在吃油。

芝麻是油脂含量很高的食材，40%左右的成分是脂肪，芝麻磨成芝麻酱之后脂肪含量高达50%以上。很多人吃火锅的时候喜欢吃芝麻酱，这下终于知道自己的肉是怎么长起来的了吧！当然，一次食材的选择错误不会造成肥胖，肥胖是多次错误选择不断累积的结果。

不过，选择低脂、低能量的食材和调味品也不难，在"养成看'食品标签'的习惯"一节里会详细介绍。

6.控油神器

在这里，我建议大家购买定量油壶、油刷、喷油壶等省油神器。

控油壶：油壶上端有一个带透明刻度的部分，挤一下就可以把油抽上来，同时显示抽了多少毫升的油。这样操作可以做到心中有数，慢慢练习就可以掌握一次用油量的力度。

喷油壶：有些蔬菜完全不需要用油炒，比如菜心、莜麦菜、生菜、西蓝花等绿叶蔬菜，简单焯水之后盛入盘中，淋上一些生抽，再用喷油壶喷一两下，整道菜会显得油汪汪的，口感也非常好，最主要是只需要一两克油就可以让食物变得美味、高颜值。

一口好的不粘锅：一口好的不粘锅是省油的必备工具。不粘锅上有一层涂层，涂层的作用就是保证制作食物时用的油再少也不粘锅。因此，保护好涂层很重要。使用结束后尽量不要用刷子使劲儿刷，用软布清洗可以延长不粘锅的使用寿命。如果涂层出现破损，最好就不要继续使用了。

糖都藏在哪里

糖可能比脂肪更危险！

20世纪50年代，糖和油究竟谁对健康的危害更大几乎是一场世纪之战，全世界都在寻找科学的答案。最后，精明的糖业通过对科学研究的干预和利用媒体舆论导向成功地让脂肪背了锅，并且整个六七十年代糖业赞助了很多相关的研究，成功塑造了脂肪是慢性心血管系统疾病的罪魁祸首，而糖则被塑造成可以帮助人们保持活力的健康形象。随着低脂酸奶、低脂酱料等越来越多的低脂产品的出现，糖及其制品开始越来越多地出现在人们的餐桌上和生活当中。一直到2014年，一份期刊在其封面上醒目地提出了《糖的毒性》，糖的问题才开始受到公众的关注。2015年世界卫生组织出版《成人和儿童糖摄入量指南》，开始呼吁人们减少糖的摄入，越来越多的报道也开始讲述糖带给我们的问题。

美国一位叫Robert的教授在一部有关于糖的纪录片中说："我们每个人都在被糖毒害，因为糖有三种其他食物所没有的效果：造成肝脏肥胖、令细胞老化、阻挠大脑正确计算出自己到底摄入了多少糖。"

世界卫生组织在2015年推出《成人和儿童糖摄入量指南》，其中明确建议成年人和儿童应将其每天的游离糖摄入量降至其总能量摄入的10%以下，进一步降低到5%以下或者每天大约25克（6茶匙）会更有益于健康。简单地说，就是每天糖的摄入不要超过50克，最好控制在每天25克以下。

什么是游离糖？

游离糖是指由厂商、厨师或消费者添加到食品和饮料中的单糖（如葡萄糖、果糖）和双糖（如蔗糖或砂糖），以及天然存在于蜂蜜、糖浆、果汁和浓缩果汁中的糖。

很多人看到这里长舒了一口气：好在我吃糖不多！

真的是这样吗？

不是只有剥开玻璃纸的才叫作糖，生活中的糖到底在哪里？下面我带大家一起梳理一下，然后再算算你吃的糖到底多不多！

1.饮料的含糖量超乎想象

几乎没有任何一瓶含糖饮料的糖会少于25克。植物蛋白饮料、茶饮料、运动饮料、碳酸饮料等，即使百分百的纯果汁也是一杯糖水。一瓶500毫升的含糖饮料的含糖量为50克左右。

纯的咖啡本身没有什么能量，如果喝咖啡的时候不经意放两块方糖，那么又摄入了10克糖。

2.各种中西面点也是高糖重灾区

蛋糕、面包、曲奇，这些美食为什么香甜可口，不仅仅因为加了黄油，还因为里面含有大量的糖，不加糖的面包几乎无法入口。还有豆沙包、红薯饼、糯米饼、八宝粥，糖分都不低！

一块8克左右的曲奇大概含白砂糖1.4克，如果一次吃上10块，也差不多吃掉14克糖了。

3.传统节日美食蕴含着人们对糖的热爱

我国传统佳节的食物充分体现了人类在食物匮乏时代对甜食的挚爱，无论是端午节的粽子、中秋节的月饼，还是正月十五的汤圆，无一例外都是高糖食物。节日餐桌可以说是一场高糖食物的盛宴。

4.红糖水、冰糖水、蜂蜜水都是糖水

蜂蜜水养颜，冰糖银耳滋补，红糖水调月经……饮用糖水的各种养生偏方在民间流传甚广，深入人心。但说到真正的功效，实际上不过一门民间玄学。在这里给大家科普一下，白砂糖、绵白糖、红糖、黑糖、黄糖、冰糖的原材料都是蔗糖，基本成分几乎没什么差别，只不过加工程度稍有不同。糖是纯能量的食物，除了提供能量，几乎没有其他营养价值。纯能量食物当然是吃得越少越好。

过去生活条件差，糖被送上了"神坛"，然而目前并没有相关的研究支持这些传说中的功效，包括蜂蜜在内。女生非常喜欢的红枣糖水、蜂蜜柚子茶也都是这个道理。这些糖水能带来什么好处是不确定的，但是能促使我们长胖是肯定的。

5.区分天然食物和加工食品

天然食物也含有糖，比如水果和牛奶。不过天然食物中所含的糖分不在世界卫生组织所说的需要限制的糖分之列。但是要注意，加工食品和天然食品有着明显的界限，如果调味牛奶中加了糖，酸奶制作过程中加了糖，水果被榨成了果汁，那就不再是天然食品，里面的糖都要小心。

超市里含糖的加工食品就更多了，蜜饯、果脯、麦片、芝麻糊、核桃粉、藕粉、豆浆粉等，无一不是高糖食物。

6.菜肴中的糖

糖是中式菜肴中很常见的调味品，拌三丁、糖拌西红柿、糖醋里脊、糖醋鱼等，这类菜肴口感酸甜可口，很受欢迎，但这些额外添加的糖经常被人忽视。

如何控糖

世界卫生组织建议，成年人每天摄入添加糖应小于总能量的5%，按照每天所需2000千卡能量的成年人来计算，每天只有25克糖的份额，而且这个25克指的是各种游离糖累计的数值。可一杯普通含糖饮料含糖量都要超过25克了，我们应该怎么办呢？

1.学会看食品标签，认识添加糖

在超市选择包装食品的时候留意一下食品标签（详细介绍在

"养成看'食品标签'的习惯"一节），如果这款食物的配料表中糖的排位比较靠前就要小心了，因为配料表的顺序是按照原材料由多到少的顺序排列，糖的排位越靠前，说明糖的添加量越多，如果排在第一位，那还是把它放回去吧！

配料表中即使没有写白砂糖，但是出现了蔗糖、果葡糖浆、转化糖浆、果糖、葡萄糖、糊精、麦芽糖、麦芽糊精等也要小心，它们都是糖，只不过味道略有差别。

这几年比较流行无蔗糖的零食，它们的甜味是使用了一些食品添加剂来替代的，比如阿斯巴甜、甜蜜素等。甜味剂有高强度的甜味，在加工食品中只需要放一点点就可以，能量可以忽略不计。虽然这些人工甜味剂并不会让人长胖，但是这种人工甜味往往不怎么好吃，反而需要增加更多的油脂来弥补口味上的缺陷，到头来还是离不开一个"胖"字。

学会看食品标签可以搞定前面说的大部分问题，认识添加糖，就是远离糖的第一步。

2.烘焙食品和传统美食只要配方不变，自己做的跟外面买的没多大差别

曾有一位减肥学员，她从不买外面的烘焙点心，都是自己在家做。她觉得这样更健康！我很直接地告诉她——只要配方不变，自己做的跟外面买的没多大差别，虽然原材料品质更高，价格更贵，但垃圾属性并没有改变。随便在网上搜索一个烘焙的配方看看就知道真相了。例如曲奇饼干，差不多有一半的原材料是糖和油。只要稍微甜一点的点心在制作过程中糖的量几乎占所有食材的15%～20%，在这一点上，中西式点心差别不大。

3.果干不是水果，务必少吃

很多人爱吃葡萄干、蓝莓干等果干，觉得很健康。但是，市面上大多数果干为了口感也添加了糖和油。即使果干没有额外加油加糖，也不建议在减肥期间食用。因为果干去掉了水分之后能量也进行了浓缩，同等分量的果干比新鲜水果的能量高很多倍，吃着吃着不知不觉就超标了。

4.烹调也有技巧

日常烹饪中如何控糖呢？首先，不要选择糖醋这种做法。糖醋口味的菜肴虽然美味，但酸甜的口感离不开糖。如果总是喜欢香甜的口感，经常吃口味重的食物，味蕾被这种口感刺激久了，获取食物本来味道的能力就慢慢退化了，会更容易被高浓度的调味料吸引。口味越来越重，盐也会吃得越来越多，众所周知，高盐的饮食习惯，对血压和健康的危害很大。

一辈子不吃甜味的糖，并不会影响健康。一日三餐的健康饮食完全可以提供给我们代谢使用的碳水化合物。食物的选择是需要智慧和理智的，尤其是减肥的过程中，更需要严格挑选。正确地挑选食物，不仅能够减肥，同时也是在收获健康。

喝对水，也能帮助减肥

人体内60%的成分是水。一个人如果不吃饭，仅依靠自己体内储存的营养物质或消耗自身组织，可以活上1个月，但是如果不喝水，恐怕连1周都很难度过。

我们每天会流失很多水分，如果不喝水，皮肤就容易变得干瘪，失水10%就会影响健康。减肥期间每天要喝2000毫升的水才行。

大家都很关注在减肥的时候吃什么，很少有人会关心减肥的时候应该喝什么，怎么喝。其实，喝进去的东西也是减肥最后能否成功的关键之一。所以，喝够水、会喝水对减肥来说至关重要。

> **重要提示**
>
> 减肥期间，每天要喝2000毫升水。

白开水当然是最好的饮品，但是每天2000毫升的白开水很多人都喝不下去，很多人也因为不爱喝白开水而阻碍了喝水习惯的养成。怎么办呢？很多人就会自然而然地想到用饮品替代白开水。

瓶装饮料、鲜榨果汁，都要避免饮用

在减肥的路上，几乎所有瓶装饮料都是禁忌。大部分饮料的主要成分概括起来就是一瓶糖水，碳酸饮料、果汁饮料、植物蛋白饮料无一例外。喝无糖饮料不就好了？以无糖可乐为例，可能不含蔗糖，但是会添加甜味剂保证口感。已有实验证明，添加人工甜味剂的碳酸饮料摄入量与体重增长呈线性关系。另外，人工甜味剂可能会影响人的肠道菌群健康。

有些含糖饮料里附加了一些功能成分，比如红牛饮料里的咖啡因，杏仁露里的一点点蛋白质，茶饮料里的一点点茶多酚，但对于减肥的人来说，为了这一点点营养成分，还要喝下它们里面的糖和能量，真有点儿得不偿失。

鲜榨果汁很多时候都要去渣，如果打成汁不去渣的话，一些果汁在几分钟之后就分为上下两层，果汁颜色也会因为发生了氧化作用而迅速变成褐色，不但卖相很难看，味道也完全不如水果可口。所以大部分水果在榨汁的过程中都要去渣，只留下纯净的果汁部分，这样榨出来的汁才既好看又好喝。但水果当中珍贵的果胶、矿物质大部分在果渣里，去渣的程序让水果中的营养成分被毫不留情地抛弃了，可以说，去渣的果汁与水、植物色素、糖混合在一起的饮料无异。不去渣的果汁略好一些，但榨汁的过程中会损失大部分维生素。因此，去渣的鲜榨果汁就是一杯糖水。要想得到水果中的营养，还是要直接吃整个水果。

淡茶是减肥推荐的饮品

茶起源于中国，中国有句老话："开门七件事：柴米油盐酱醋茶。"足以见得喝茶在中国人生活中的重要性。但是，在喝茶方面很多人都有误区。

喝茶能减肥？很多人觉得饭后喝茶很舒服，理所当然地认为这是在刮油，所以每天大量地喝浓茶。可结果呢？一斤没瘦！真相是茶里的咖啡因、茶多酚等成分刺激了胃酸分泌，产生了更多的胃酸帮助消化食物，因为消化变快，让胃感觉排空的速度变快了，给人一种刮油的假象，实际上该吸收的还是吸收了。

喝茶没有改变食物摄入的能量，也没有降低食物的吸收率，更没有减缓食物消化的速度（恰恰相反，它使某些食物的消化变得更快了）。当然，它更没有改变粪便的组成，只是改变了食物从入口到出口的速度！这岂不更糟糕？因为如果饭后喝了浓浓的茶，就意味着下一餐会饿得更快！

在这里推荐大家喝淡茶水。淡淡的茶水有一丝清香的味道，如果是花茶（比如茉莉花茶），同时伴着淡淡的花香，真的可以促进多喝水；又或者像玫瑰花、菊花这样的花茶，它们本身不含咖啡因、茶多酚，又浓缩了花的香味，也很容易让人产生多喝水的欲望。

咖啡的正确减肥喝法

咖啡是世界三大饮料之一，在中国也受到很多人的喜爱。咖啡除了可以提神，让大脑兴奋之外，目前已有大量研究数据表明，喝咖啡有益健康，包括降低很多慢性病的患病风险，如糖尿病、心脑血管疾病、阿尔茨海默症、痛风、某些肿瘤等。喝咖啡还被作为健康生活方式的一部分写入《美国居民膳食指南（2015）》，美国膳食指南还给出了量化建议，建议每天摄入200毫克～400毫克咖啡因，相当于3～5杯咖啡的量。

需要注意的是，前面所说的诸多科学研究中所指的咖啡，是指不加糖、不加"伴侣"的黑咖啡。可实际上，很多人喝的是速溶咖啡，是加了糖、植脂末、乳化剂等成分的"三合一"产品。这样的产品，一袋15克的咖啡粉末中大概有11克糖，糖含量甚多。咖啡粉本身没有什么能量，但是增加的糖和植脂末的能量就不能忽略不计了，一袋速溶咖啡的能量大概是60千卡。因此，不要买速溶咖啡，只有不加糖、不加奶的"黑咖啡"才是健康饮品的选择。

另外，需要注意的是，即使是黑咖啡，也不是所有时间都适合喝，咖啡因可以促进胃酸分泌，在已经有些饿的情况下千万不要喝，避免出现低血糖。

奶茶，那些不为人知的真相

这两年奶茶火遍大江南北，每隔几天就冒出一家奶茶网红店，而且这些奶茶店门口永远都在排队，喝奶茶俨然成为一种风尚。2017年上海市消保委针对27家奶茶铺的51件样品进行抽查检验，得出的"网红奶茶真相"的测评结果震惊了很多人，它暴露出奶茶的很多问题。

真相一：奶茶普遍含有咖啡因（有些特殊人群并不适宜摄入咖啡因），却从来不提醒。检测出咖啡因含量最高的一杯奶茶相当于4

杯咖啡或8罐红牛，这种奶茶喝起来真的比喝咖啡还提神。

真相二：并非真材实料。传统意识当中，我们认为奶茶当然应该是牛奶+茶，但实际上很多样品检测结果中蛋白质含量明显偏低，这表明产品配方当中可能使用了奶精粉来替代牛奶，原因当然很简单——降低成本。

真相三：一杯奶茶相当于14块糖。奶茶普遍含糖很高，检测出的含糖量最高的一杯奶茶含糖量为62克，相当于14块方糖。也正因为如此，奶茶的能量非常高，如果喝的是带奶盖的奶茶，那只能说能量没有最高，只有更高了。

真相四：无糖的奶茶可能是美丽的谎言。无糖的标准应该是每100毫升糖含量小于0.5克，也就是说一杯500毫升的奶茶糖含量应该小于2.5克，而实际上很多无糖奶茶都超标，一款被抽检的网红无糖奶茶的糖含量达到了一杯15克~25克。

看完这段文字，你还要喝奶茶吗？

巧手自制奶茶

喜欢喝奶茶的人，不妨自己尝试DIY一下，用红茶加牛奶做一杯真正的奶茶。

奶茶无非是红茶＋全脂牛奶，但是想要得到一杯口感好又没有负担的奶茶就不是将这两样东西简单地兑在一起了，两者的配比度和制作的先后顺序是有讲究的（方法来源于美国食品学博士云无心的微博）。

第一步：先用80℃的热水冲泡红茶，得到纯正的红茶汤，反复冲泡几次后留下茶汤备用。

第二步：准备一杯常温牛奶，记住，常温即可。

第三步：将两者混合，记住一定是把热红茶倒入牛奶杯当中，顺序不能反过来。这样做的原因是可以很好地去掉茶的苦涩味。

奶是凉的，茶是热的，往奶里加茶水的时候，少量的热茶与大量冷奶接触，咖啡因、茶多酚会与牛奶中的一部分蛋白质结合，去掉了一部分的苦涩味。

减肥期间建议喝脱脂牛奶制作的奶茶，但是脱脂牛奶制作的奶茶味道远不如全脂牛奶。为了细腻柔滑的口感，可以用全脂牛奶，虽然全脂牛奶能量略高，但少喝一些问题也不大。

多喝水的"四步走"

光明白道理没有用，怎么做才是解决问题的关键！按照以下方法，找到适合自己的并且认真实践，一步一步"打怪升级"！

1.准备一个好看的杯子

很多人喝水都很凑合，杯子就更随意了，有些人甚至使用的是买其他产品赠送的杯子，品质可想而知。建议购买小巧、精致且高颜值的杯子，最好可以放在自己的包包里随身携带，这样做会不会让人多喝水？

2.一个带刻度的水杯

如果觉得每次装水还要计算太麻烦，可以购买一个带刻度的杯子，比如买一个500毫升的保温杯，那么每天喝4大杯的水就够了，方便好记。

3.定闹钟提醒自己喝水

多喝水的道理大家都懂，但就是忙的时候容易忘记。因此，建议大家在自己的手机闹钟里多设置几个闹铃，设置固定的时间提醒自己喝水。现在手机的应用商城里有很多专门提醒喝水的小软件，很方便。

4.启动仪式感

喝水本身谈不上乐趣，但是如果把它跟仪式感联系到一起就变得有趣多了。一个漂亮的杯子会增加仪式感，可以让喝水这种行为本身变得很有意思。比如，我每天早上开始工作之前都会用我的粉色迷你杯（容量180毫升）盛一杯热水，然后端坐在电脑前，写下自己一天的工作安排，从喝下一口温暖的水开始一天的工作！

喝水变成了启动深度工作的开关，这下无论如何也不会忘记喝水，一天的工作也会变得很有效率！

喝水时间有讲究

下面，我给大家一个喝水的时间建议表。

早晨起床后空腹喝一杯水。人在睡着之后体内依然会有水分的流失，比如身体不易察觉的隐性汗液，还有睡着之后尿液持续分泌，这些都会让身体损失很多水分，使血管中的水分含量有一定程度的浓缩。因此，我们早晨起来的时候其实是有些微微脱水的，即便起床后并未感到口渴，体内实际上仍然会因为缺水而导致血液黏稠，而早晨一杯水可以降低血液黏度。

千万注意，早晨第一杯水可以是白开水、纯净水或矿泉水，但一定不能是淡盐水、蜂蜜水，不要加盐、加糖。

夜晚睡觉前喝一杯水。依然是白开水、纯净水或矿泉水，可以起到预防夜间血液黏稠的作用。

除了早晨起床之后、晚上睡觉之前，其他时间可以自由安排喝水时间，但注意每次饮水最好不要超过200毫升，也就是一杯的量，特别是在餐前不要大量饮水，否则会冲淡胃液，影响食物消化吸收，时间长了也会影响到健康。

喝水的温度因人而异，只要胃觉得舒服，温水、凉水都可以。胃也需要经常进行一些弱刺激，比如硬的、冷的、黏的都可以尝试一下，不要认为只吃温热的、细软的、易消化的食物就是养胃，胃长期得不到锻炼也不是好事。

第三章

养成易瘦好习惯，轻松减重

从这一章开始，我们通过了解瘦人有哪些好的饮食习惯，根据书中的内容按图索骥，一步步地变成易瘦体质。

每一个习惯的养成都需要一个适应的过程，在这个过程中出现反复也属正常现象，毕竟用一个好习惯取代一个坏习惯不是那么容易，但只要坚持做下去，习惯一个一个地被养成，变成易瘦体质指日可待！

跟瘦子学"吃饭习惯"

吃饭还用学？那当然！

电视剧《苗翠花》里有这样一个片段：苗翠花的相公带着她去参加一个洋人举办的宴会，苗翠花对西方饮食文化不了解，她的相公很怕她当场出丑。吃饭的时候，苗翠花想了一个好办法，她总是比别人慢半拍，看看别人怎么吃，然后她才开始，结果给宴会所有人都留下了非常好的印象。

我们也可以模仿一下苗翠花，观察一下餐桌上的那些瘦子是怎么做的，有样学样！等养成了跟瘦子们一样的饮食习惯，自然也会慢慢瘦下来的。瘦只是一个结果，我们要关注的是过程！学习瘦子们普遍拥有的"吃饭"小细节，甚至可以在不知不觉中改变饮食习惯，养成易瘦体质！

巧用分餐盘，养成定量饮食的习惯

瘦人通常饮食量是很稳定的，基本上不会多吃一口，即使再好吃的食物，吃饱了也会停下来，好像他们的胃就那么大。实际上，人的胃的伸缩性是很大的，这一点从大胃王的比赛中就能看出来，只是瘦子们的饮食量长期比较稳定，定量是他们长期以来形成的习惯。

很多胖人则不是这样，好吃的可以多吃几倍，胃仿佛是个无底洞，吃多少基本没数。要想帮助自己定量，只有一个办法，那就是——使用分餐盘。

分餐盘几乎每个人都用过，在快餐厅或食堂用餐，都会用到分餐盘，饭菜可以分开，吃了什么一目了然。

大部分中国人都是围餐，也就是一大家子人围坐在一起，菜是一盘一盘地上，一家人其乐融融，共同用餐。我给你夹菜，你给我夹菜，场面确实很温馨，但是问题也比较多，除了知道自己吃了几碗饭，根本数不清妈妈到底给自己夹了多少菜。究竟吃了多少？可能刚刚好，也可能已经吃多了。吃了多少完全掌握不了，这种情况下可能很快就不知不觉吃胖了。

减肥期间，一定要把自己吃的食物按配餐要求分出来，明确自己可以吃多少。这样做有很多好处！

1.定量

每天摄入的能量需要预先计划好，定量用餐更便于控制体重。要想实现定量，分餐是最简单有效的途径。

2.练成火眼金睛

分餐久了，即使在外就餐也会对自己的食物量有一个估计，对食物数量的把握会更加精准，不容易吃多。

3.卫生

现在科学已经证明，浅表性胃炎、胃溃疡、胃癌等胃部疾病跟一种叫幽门螺杆菌的细菌感染有关。胃部分泌的胃液是强酸，绝大部分细菌都会被消灭，只有这种细菌可以顽强地生存下来。互相夹菜这种看似温馨的行为就为这种细菌提供了传播条件，而使用分餐盘的就餐方法能有效避免这种交叉感染。

4.纠正挑食、偏食

分餐盘对孩子也特别有用，分到他们餐盘当中的蔬菜（除非特别不爱吃蔬菜的）基本上都会被孩子吃光。而且，如果孩子有挑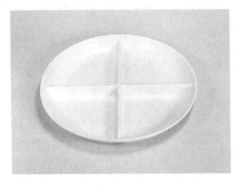食、偏食的问题，使用分餐盘可以发现他究竟哪类食物总是吃不完，他的饮食问题才更容易暴露出来，才能"对症下药"。

选择一个什么样的分餐盘合适呢？

分餐盘在网上有非常多的款式，丰简由人。建议选择简单款式的，有三个区域就足够了，刚好符合我们九宫格分餐法的基本原则，就是每餐都要有主食、蔬菜和蛋白质食物。如果不喜欢分餐盘或者一家人在一起吃饭不太方便分餐，可以参考自助餐厅的取餐方法，就是用一个盘子把自己要吃的菜单独取出来，再另外用碗装米饭，一盘一碗也可以搞定分餐。

我们的减肥原则不是给生活增加负担，而是在尽量小的影响范围内做一些更有效的改变。

吃饭也要讲顺序

吃饭顺序也有讲究，顺序如果弄反了，也可能是你长胖的原因。

正确的进餐习惯非常容易养成。我们经过统计发现，95%以上的减肥学员都可以通过21天养成这个习惯。而且，进餐习惯非常重要，哪怕只养成了这一个习惯，其他什么都没有改变，都能慢慢变瘦。特别是对于高血压、糖尿病等慢性病患者，这样的进餐顺序会让人在减重同时还能降血压、降血糖。那么，正确的进餐顺序究竟是什么？

减肥的进餐顺序：先吃蔬菜，再吃蛋白质食物，最后吃主食。

吃饭的时候先不要着急吃主食，先吃一个拳头左右量的蔬菜，然后再开始一口饭一口菜。注意，饭和菜要一口隔着一口地吃。进餐的结果是，蔬菜吃完，蛋白质食物吃完，主食最后吃完！如果吃不完了想剩下一口，那一定是主食！这样吃还能剩？这是真的！很多学员在用九宫格配餐法就餐一段时间后都发现原来吃不下那么多的主食，真的会剩下！胃在慢慢适应，饭量也会一点点缩小。

在吃饭快要结束的时候要注意，最后一口的这个动作必须是落在主食上。如果最后一口吃的是菜，再加上做的菜有点咸，会让人觉得很不舒服，喝水可能都不管用，这个时候你一定会觉得再吃一口饭是最舒服的。那是不是又多吃了一口饭？所以，好的习惯慢慢培养，不好的习惯想办法改掉。

培养吃饭顺序这个习惯对于平时主食吃得比较多的人尤为重要。如果能按照我教给大家的方法去做，你就会发现原来真的吃不下那么多的主食，主食吃得多是因为蔬菜吃得少！

我们可以把胃想象成一个口袋，要把口袋装满，实际上就是三类食物的不同比例的变化，即主食、蛋白质食物和蔬菜这三大类食物重量的此消彼长，其中一类摄入不足，必定是另两类食物来填补。蔬菜的优点就是体积大、能量低、膳食纤维含量高、饱腹感强，是最适合做减肥垫底的食物。有一部分的蔬菜垫底，饥饿感没有那么强了，而且膳食纤维的优点就是遇水膨胀，使肠胃充满饱胀感。假如蔬菜吃得少，这个空缺就会由蛋白质食物和主食填补，它们的能量都远远高于蔬菜，最终的结果是——好像并没吃多少，但是吃胖了。

另外，很多人还有一个习惯需要做一点小小的改变。我们习惯性地把自己爱吃的食物放在离自己最近的地方，这是因为小的时候我们的爸爸妈妈就是这么做的，当然，现在很多人也是这么对自己孩子的。但是，这种习惯可能带来的是体重超标的麻烦。建议真正的"有心人"应该把自己爱吃的，但实际应该少吃的食物摆在离自己最远的位置，最好是夹起来稍微有点儿费劲的位置，把自己应该多吃的食物摆放得离自己更近一些。

吃饭慢一点儿，每餐超过20分钟

并不是所有的胖人吃饭都很快，也并不是所有的瘦人吃饭都很慢，但吃饭慢一点儿的习惯的养成对于减肥的影响很大。

我们的肠道功能很强大，被誉为第二大脑。肠道与大脑之间有着非常密切的联系，饱的信号就是肠道发出来的，准确地说，是肠道菌群传递给大脑的。正常情况下，这个信号稍微有些延迟，肠道菌群健康的人信号能稍微敏感一些，而很多肥胖的人大都伴随着肠道菌群失衡的问题，导致信号更加延迟。所以，很多人都是吃完饭一会儿才感觉又吃撑了！那怎么办呢？尽量让吃饭的速度慢一点，然后不知不觉饱的信号就到了。

吃饭慢一点这个习惯不太容易做到，很多人都认为这是最难养成的习惯之一。很多人吃饭快的习惯其实是从小养成的，从小就被教育吃饭要快一点，吃完抓紧上学，抓紧写作业，抓紧工作……吃饭快在某种程度上是具有优势的，它代表着效率和节省时间。但是，对于减肥的人来说，吃饭速度快就吃亏了，饱的信号还来不及感受就吃多了。

从现在开始，慢慢吃饭，充分地感受饱的信号姗姗来迟的感觉，感受一下八分饱，尝试一下没有吃多而放下筷子的感觉。在这里给大家两点小建议：

第一，细嚼慢咽。每一口饭咀嚼十五次以上，不要囫囵吞枣似的一口吞下去，这样保证每顿饭可以吃20分钟以上。细细咀嚼不仅有助于我们减肥，对肠胃也是有好处的。

第二，吃饭"溜号"。吃饭中途停下来，人为打断一下进餐节奏，比如打个电话，发个微信，找个什么东西，然后再回到饭桌上继续，很快你就会发现饱的信号到达了。但切记不要一边吃饭一边看手机，这种做法显然是错的，这样会分散注意力，影响消化功能，容易导致消化不良，而且很有可能不知不觉吃多了。

瘦子从不"打扫"剩菜剩饭

瘦人基本上都有一个共同的习惯——不管在哪里就餐，吃饱了就放下筷子，不会多吃一口。而大部分胖人则恰恰相反，就算已经吃饱了，看到让人垂涎的美食还能再吃上一顿，肚子就像海绵，挤挤总是有地方的。

有一次我跟一个朋友吃饭，边吃边聊，快吃完的时候我点的比萨还剩下一块，朋友欲言又止。过了一会儿，朋友实在忍不住了就问我："你那块比萨不吃了吗？""是的，吃饱了为什么还要再吃呀？"朋友说他也吃饱了，可是剩了一块在那儿总觉得很别扭，总想把它吃掉。是不是很多人都有过这样的经历，其实已经吃饱了，仅仅是因为看见"剩菜"不舒服，一两口就吃掉了，结果过了一会儿又抱怨吃多了。

不要小瞧多吃的这一两口，一口确实吃不成胖子，但胖都是一口一口吃出来的。《中国居民膳食指南》中就有这样一个有意思的数据，如果每天多吃两个饺子或者5克油，一年就可以胖2斤，10年就可以把一个体重正常的人变成一个胖子。所以，正在减肥的人能不能少吃这一口是非常关键的！

为了不"打扫"剩菜剩饭，大家可以这么做：

1.少做一些

为了避免有剩菜剩饭时忍不住又多吃一口，可以在做饭的时候少做一些。这样即使大家没有吃到十分饱，七八分饱也是刚刚好的，不至于过饱，也不至于过饿。

2.合理处理剩菜剩饭

切记千万不要把多余的食物硬塞进胃里。吃饱了之后我们对任何美食的感官享受都会大幅度下降，这个时候的吃已经不是在享受美食，而是在充当垃圾桶。最糟糕的是，过了一阵子还要想办法通过饥饿、节食、运动把多吃的这一口食物减掉，那又何必呢？吃多了，迟早是要还回去的！

如果饭的确做多了，又不想浪费，不一定非要装进肚子，也可以放进冰箱。把剩下的食物分装在保鲜盒里，然后放入冰箱妥善保存，下一次食用的时候充分加热即可。需要注意的是，如果是夏天，应尽量避免食物变质带来的健康问题。

当然，饭菜也可以进行翻新处理，比如第二天做成蛋炒饭，也很受欢迎。演员黄磊曾经说过，精心利用剩饭剩菜，是对食物适当表示感恩和尊重的一种方式！

养成吃健康早餐的习惯

不吃早餐的原因大体上有两种：一种是早晨太匆忙，没有时间准备早餐；另外一种是想通过不吃早餐达到减肥的目的。

1.不吃早餐与减肥

第一种情况很大程度上是一种无奈，毕竟越大的城市生活节奏越快，没有时间准备早餐是可以理解的。第二种情况则更多的是主动选择，想要通过减少一餐饭来达到减肥的目的。但实际上，这样做的人大部分都没有成功。因为如果不吃早餐，午餐和晚餐很有可能会因为饥饿吃得更多，能量摄入大大超出正常范围。所以，通过不吃早餐减肥，结果可能会适得其反。

2.不吃早餐与健康

除此之外，不吃早餐可能严重影响健康。日本一项对8万余人追踪13年的研究显示，不吃早餐的人与每天都吃早餐的人相比，脑出血风险要高出36%，而且不吃早餐的次数越多，脑出血风险越高。另外，如果不吃早餐，低血糖的状态持续时间长，胰岛素的敏感性会下降，会增加患II型糖尿病的风险。

不吃早餐除了会引起心脑血管疾病和糖尿病，这个坏习惯也会影响人的认知能力。美国的一项研究表明，吃早餐的孩子在学习成绩、心理社会评估以及学校行为评估中都比不吃早餐的孩子要好。对成年人来说，吃早餐对记忆力有帮助，也有助于拥有一上午更好的工作状态。

不吃早餐这件事对于减肥毫无帮助，还会影响健康，甚至影响工作和学习状态，得不偿失。

营养早餐的搭配法则

搭配出一顿营养早餐的关键就是要——"挑三拣四"。

1.挑粗粮

粗粮是早餐最好的选择，杂粮粥、燕麦片、全麦面包、三明治都很不错。有学员每天做十几种粗粮混合的杂粮粥，问我怎么样。我们食物多样化的原则是不同种类食物的多样化，而不是在某一类食物上做到极致，即使混合了各种粗粮熬成的粥也不过是一碗粥而已。

每天能吃到两种以上粗粮，家里常备6款以上的粗粮就算合格了。

2.挑蛋白质

除了粗粮以外，鸡蛋也很适合做早餐，煮鸡蛋、鸡蛋羹、炒鸡蛋、煎鸡蛋、茶叶蛋、鸡蛋饼等，鸡蛋的烹制方法多种多样，而且都很美味。

很多人不吃鸡蛋黄，向我咨询鸡蛋胆固醇高的问题。在这里也顺便辟个谣：2015年的《美国居民膳食指南》中已经把胆固醇从限制名单中划掉，因为有大量证据表明食物摄入的胆固醇对于健康人没有影响，人体大部分的胆固醇都是自身合成的，而且一旦从食物中摄入过多胆固醇，身体会自动调节，放缓合成的速度，使人体胆固醇含量保持在正常水平。我国在2016年推出的新版《中国居民膳食指南》中也采纳了这个结论。也就是说，健康的成年人不需要特别限制胆固醇的摄入。

但目前关于到底要不要限制胆固醇依然有争议。建议已经有高血脂的人在每天的饮食中不能超过一个鸡蛋，健康成年人也不要顿顿吃鸡蛋，食物多样化还是很重要的。

像鸡蛋一样适合做早餐的还有酱牛肉、鸡胸肉、豆腐干等烹调时间很短的蛋白质食物。一次可以准备出几天的早餐量，对于上班族来说十分便利。

3.挑新鲜蔬果

蔬果的选择非常多。建议在早餐时间很紧张的情况下选择一些简便的蔬菜随身携带，比如圣女果，它的味道好、能量低，可以带一小盒做加餐。类似的还有黄瓜、西红柿等。

很多人可能觉得早餐可以吃得随便一点，用水果充饥也可以，结果深深地跳进一个"坑"。虽然大部分的水果能量都在50千卡左右，但是有些水果就是不按套路出牌，比如大枣，100克鲜大枣的能量跟100克米饭相差无几，几乎可以说吃一口大枣等于吃一口米饭，榴梿和牛油果的能量更高，差不多是苹果能量的三倍。所以，千万不要以为水果没什么能量，多吃一点无妨，在减重期间，水果也是要限量的。况且，水果的蛋白质含量低，不足以支撑一上午学习和工作的需要。

快手早餐全攻略

没有时间做早餐？如果只需要15分钟就可以做一顿早餐呢？如果只需要10分钟呢？10分钟，可能只是刷几个朋友圈的时间而已！

1.快手西式早餐：牛奶燕麦杯+蔬菜沙拉

有一些搭配本来就是很快手的，比如牛奶水果燕麦杯+蔬菜沙拉，几乎什么都不用提前准备，早上只需要早起几分钟就可以搞定。

牛奶水果燕麦杯的制作方法：

把150克牛奶用微波炉加热40秒，微热就可以，然后加入30克即食燕麦片，大概是5勺，让燕麦片充分浸泡在奶里，然后把两颗草莓和小手指长的一截香蕉切丁之后放入杯中，再等几分钟，让燕麦充分吸收水分就可以吃了。水果可以换成自己喜欢的水果，但是一定是甜味比较浓的，比如香蕉、草莓、杧果等，但像猕猴桃、苹果这样甜度低的水果放在酸奶里可能味道会变得更酸。

150克牛奶也可以换成酸奶，无须加热，只是等待时间需要略长一些，大概20分钟，因为低温下燕麦片吸收水分的速度会变慢。即食燕麦片也可以换成生的燕麦片，但需要提前把燕麦片煮几分钟，捞出来再放入奶中。

蔬菜只需要进行简单处理，剪、切、撕，然后浇上柠檬沙拉汁（酱油打底的复合调味品）就可以了。

2.快手中式早餐：杂粮粥、煮鸡蛋、蒜蓉菜心

头天晚上把杂粮粥准备好，洗净后放在电高压锅里（如果有预约功能就更完美了）；菜心进行简单处理（择好就行了）。第二天早上起来先把粥煮上，然后煮蛋（煮蛋可以用煮蛋器），接着将蔬菜浸泡在水里，就可以去洗漱了。等洗漱完毕，粥跟鸡蛋应该都好了，只需要快手炒蒜蓉菜心就完工了。

3. 5分钟巧做意面

有的早餐我们可以想办法让它缩短到5分钟。以番茄肉酱意面为例，把这个烹饪过程拆解一下，看看具体怎么做。

想要第二天早上在5分钟之内做完这道意面，可以在前一天把所有的准备工作都做好，番茄、洋葱、蒜都切碎，跟肉馅一起烹制出

意大利面酱。待肉酱凉了之后装入保鲜盒密封，放入冰箱冷藏。意面也提前煮好，装入另一个保鲜盒密封，放入冰箱冷藏。

第二天一早，只做一件事情，就是把意面和意面酱用微波炉加热，5分钟就可以轻松搞定。

意面当然还是现煮的味道比较好，但意面酱的口感比较稳定，可以前一晚把意面酱做好放入冰箱。第二天早上起床后利用洗漱的时间煮意面，大概花费15分钟。煮意面的同时把冰箱里的意面酱用微波炉加热一下，再浇到煮好的意面上，这样15分钟之内也能搞定一碗好吃的意面。

很多人纠结备餐与营养素流失之间的关系，其实不用纠结。随着时间的推移，食物肯定会有营养素流失的问题，但相对于早上时间紧张的上班族来说，与不吃早餐的危害相比，这点营养素的流失实在算不上什么，两害相权取其轻。

营养早餐工具篇

接下来我们推荐一些制作营养早餐的利器，不仅提升你的早餐效率，还会提高早餐的颜值。

1.电高压锅

这是我最推崇的一款家电，煮粥非常方便，特别是煮杂粮杂豆粥，电高压锅只要十几分钟就可以搞定。而且电高压锅的安全性很好，不像过去的普通高压锅，存在一定的安全隐患。

2.面条机

大部分挂面的含盐量都很高，有些款式的面条机可以解决这个问题。自己制作面条，原材料、数量都可以控制，最主要是不加盐还筋道，特别值得推荐。

3.煮蛋器

即便学会了煮溏心蛋的方法，依然需要花精力和时间去控制火候，一不小心可能就煮过头了。相比技术控，更推荐煮蛋器，早上起来把鸡蛋清洗干净放进去，添加适量的水，洗漱完鸡蛋也煮好了，还可以自动断电，一点不用担心忘记关火。很多煮蛋器还可以蒸蛋羹、蒸馒头、热饭，效果也非常好。

4.切碎机

切洋葱碎、蒜泥、姜蓉都是很麻烦的事情，对业余水平的家庭"主妇""煮夫"们来说，有了切碎机，这些事就变得简单多了。

提高效率之余，提高早餐的颜值也是非常重要的。切蛋器、煎鸡蛋的模具，刻萝卜花的模具，以及好看的餐垫、别致的盘子……这些神器都可以让早餐颜值提升，做出营养、美味与"美貌"并存的早餐。

外卖早餐推荐方案

外卖的不可控因素实在太多，比如包子里的馅太油、茶叶蛋煮得过火、玉米上刷了奶油等。下面为大家推荐几个适合减肥的外卖早餐组合：

- 1杯120毫升的酸奶+1个拳头大的素馅包子+1个茶叶蛋
- 1个拳头大的寿司饭团+1杯120毫升的酸奶+10颗圣女果
- 10颗圣女果+1碗雪菜瘦肉粥+1个太阳蛋
- 1片吐司+1盒250毫升的脱脂牛奶+1个茶叶蛋+10颗圣女果

养成吃健康零食的习惯

有很多人有这样的习惯——看电视或电影的时候，甚至看手机的时候，嘴巴都不闲着，经常会吃点零食解解馋。我的很多学员都抱怨，明明知道吃零食是一个不好的习惯，容易长胖，但是却管不住嘴。

几乎所有的减肥文章都在警告减肥者要远离零食，原因很简单，只要是食物就有能量，而大部分人喜欢吃的零食不是糖多就是油多，有的是既有油又有糖。总之，都是高能量的，一不小心就吃多了。

但是，是不是一味地拒绝吃零食就可以了呢？事实证明，如果为了减肥一味地克制自己不吃零食，过不了多久就会减肥失败。这是为什么呢？因为有一个很残酷的事实，一旦养成了某种习惯，是很难把它消除掉的，它已经形成记忆回路，深深刻在脑子里。一味地靠意志力压制它，就像拼命挤压弹力球，压得越用力，最后压制不住反弹的时候就会弹得越高，最后的结果当然是失控！

习惯只能被替代，无法被消除！

回顾一下那些容易瘦的好习惯，比如用分餐替代围餐，更改进餐的顺序，每天吃早餐，都是采用了养成一个新习惯或者用一个新习惯替代一个旧习惯的解决方案。

明白这个道理后你就应该知道，解决吃零食的习惯不一定是要戒了零食，我们可以用健康的零食替代原来不够健康的零食。其实，在两餐之间吃点儿零食既让你解了馋，还可以避免吃下一餐之前太饿而导致饮食过量，可谓一举两得。

选择好零食，可以为减肥助力

零食，泛指在非正餐时间进食的所有食物。所以，零食不是特指薯片、爆米花或者辣条等，而是一日三餐之外吃的所有食物都算零食。因此，一款食物是不是零食并不取决于它的长相和口味，而是取决于什么时间吃。比如，上午10点吃的一个鸡蛋，或者下午3点喝的那杯牛奶，都可以算作零食。

对于减肥的人来说，吃零食不是什么禁忌，甚至对于某些人来说是必要的，比如容易低血糖的人，晚上吃饭比较晚的人。选择正确的时机吃对的零食，反而有益无害。

下面推荐几款健康小零食，好吃不长肉。

1.南瓜

大部分的南瓜每100克能量为23千卡左右，而和它长得有点儿像的红薯（也称地瓜）每100克的能量可以达到61千卡，所以它们绝对不是一个重量级的。

下面推荐一个特别好吃的南瓜做法。家里有烤箱的，可以做烤南瓜。在烤箱自带的烤网上铺锡纸，记住一定要选烧烤烘焙专用的那种锡纸，然后把南瓜切成小块，放入烤箱，200度烤45分钟就可以了。烤箱高温烹调下的美拉德反应，也就是甘氨酸与葡萄糖混合加热时会有颜色的变化和香味的强化，烤南瓜会有一种特别香甜的味道，跟其他的烹饪方法相比，你会发现烤南瓜格外好吃，而且热量低，可以当作零食吃，又完全没负担。当然，南瓜也不能无限量地吃，每天一两百克即可。南瓜富含胡萝卜素，吃多了可能会发生"黄染"，也就是会出现手黄、脚黄、面黄的症状。

很多人把南瓜当成主食吃，这是不对的。因为它并不具备主食的营养特点，并且它的蛋白质含量几乎为零，而大米大概含有8%的蛋白质，面粉大概含有10%的蛋白质。长期用南瓜替代主食，瘦得是很快，但副作用也很明显，比如可能出现脱发的现象。

现在市面上流行一种又甜又面的贝贝南瓜，它的淀粉含量比较高，是南瓜家族中的"奇葩"，可以作为主食替换。

2.圣女果

圣女果，也叫小番茄，很多人纠结它究竟是水果还是蔬菜，其实按照热量来看，每100克圣女果的能量是25千卡左右，这么低的热量无疑就是蔬菜了。圣女果是非转基因的，包括我们在市场里看到的形形色色的玉米、红薯、马铃薯都不是转基因食品，基本上都是自然界的优选品种和嫁接技术的功劳。

圣女果有独特的优势，个头小、方便携带、清洗简单、营养素不易流失，最重要的是可以生吃，非常适合放在办公室里做常备零食，偶尔多吃一点也没有关系。

3.水果盒

水果盒指的并不是某一种具体的水果，而是低能量水果的统称。之所以不推荐具体的某类水果而是推荐水果盒，是因为很多水果都适合作为减肥期间的零食。苹果、哈密瓜、桃、橘子、葡萄、蓝莓、猕猴桃，这些都是适合放进水果盒里的小零食。每天出门之前把水果处理好，放在水果盒里，上午或者下午两餐的间隙就可以享受这些美味的水果了。

小贴士

蔬菜跟水果不能互相取代

蔬菜跟水果有着不同的营养特点。蔬菜的粗纤维更多一些，对缓解减肥期间的便秘作用更大，水果的果胶、果酸等营养也是别具特色。

水果适合作为两餐之间的加餐，特别适合在晚餐前的1～2小时食用。这个时间段最容易感觉到饿，饿是血糖给身体的一个信号，说明应该补充一些糖分了。水果的糖分比蔬菜略高，100克水果大概含有十几克的糖，而提升血糖一般只需要十几克糖就可以搞定，所以吃100克的水果刚刚好，比如半个苹果。由于水果的能量比蔬菜略高，考虑到减肥期间能量的限制，水果实行限量供应，等减肥结束之后每天可以根据个人情况将水果增加到250克。

4.脱脂牛奶/酸奶

建议把奶类放在加餐列表里，上午或下午食用都可以。这样的话，让人感觉一直在吃东西，心理更容易满足，但是能量摄入不会超量。

奶类是钙的重要来源，对骨骼健康非常重要。每天一杯脱脂牛奶大概可以为我们提供每天钙推荐摄入量的三分之一，这是其他的食物无法替代的。很多人有"乳糖不耐受"的症状，喝了牛奶之后容易腹胀、腹泻，下面为大家提供两个解决方案。

第一，喝酸奶。

酸奶中的乳糖在乳酸菌的作用下会变成乳酸，酸奶中的乳糖含量比牛奶减少了将近一半，一般就不会出现乳糖不耐受的问题了。每天可以喝120毫升酸奶，也就是一小杯。

第二，喝低乳糖牛奶/零乳糖牛奶。

这两种牛奶对乳糖进行了预处理，是专门针对"乳糖不耐受"又需要喝牛奶的人群定制的，每天可以喝150毫升。

5.魔芋

魔芋是一种特殊的根茎类蔬菜，把它进行加工之后提取的魔芋粉可以制成各种魔芋制品。魔芋最大的优势是富含一种叫葡甘露聚糖的膳食纤维，不能被人体吸收，却可以增加饱腹感，而且几乎不含能量。它的缺点是几乎没什么味道，如果自带油醋汁调味可以当零食吃。但是不要像捡到宝贝一样，用魔芋替换蔬菜，营养均衡还要兼顾其

他食物。

除了上述建议的几款零食，判断一款食物是否可以成为健康零食，根据下面几个条件大致判断一下就能得到答案。

● 能量低。

● 饱腹感强。

● 味道好也很重要。

● 低盐。

食物加工制品能量对比表

食品名称	能量（千卡/100克）	食品名称	能量（千卡/100克）
爆米花	507	玉米（干）	348
大米饼	546	大米	346
薯片	510	马铃薯	81
曲奇饼干	507	馒头	235
杧果干	365	杧果	35
豆浆粉	426	大豆	390
方便面	484	挂面	353
茶饮料	33	茶水	0
草莓果酱	247	草莓	32
猪肉松	396	猪肉（里脊）	155

很多人并没有改掉吃零食的习惯，只是在吃零食的时候选择相对更健康的食物，仅仅这一点改变就会让体重也跟着改变，所以，千万不要小瞧习惯改变之后的力量。

但是要注意，我们在用一个习惯代替另一个习惯的时候一定要是正向的。举一个反面例子，很多人戒烟的时候觉得嘴巴闲着难受，便选择吃零食缓解，结果一闲下来就吃零食，最后养成了吃零食的习惯。戒烟没成功，还可能又增加了一个坏习惯，这就是用一个坏习惯代替另一个坏习惯的典型。

减肥要吃七分饱

饱腹感是评价减肥餐是否健康的一个重要标准。饿肚子的减肥餐会破坏长期的减肥成果。

下面让我们一起了解一下饱的几个程度，然后看看你平时到底吃到几分饱。

如果把饱分成十级，从五级开始。

●五级：不太饱，感觉还能吃好多，无心聊天。

●六级：拿走食物后，胃里虽然不饿，但是不满足，而且第二餐前会饿得比较明显。

●七级：似饱非饱，吃得差不多了，却还不想离开饭桌，下一次吃饭前会有些微微的饿，但不难受。

●八级：胃满了，但是再吃几口也不痛苦。如果碰到自己爱吃的还能继续吃几口。

●九级：还能吃，但胃已满了，每一口都是负担。

●十级：一口都吃不下了，多吃一口都是痛苦。

减肥，就要做到三餐七分饱，也就是吃到似饱非饱，下一次吃饭前微饿却也不难受，而三餐外零食的补充不会有饱腹感，只要注意适量就可以。试着去找找这种感觉。

另外，想体会饱的感觉必须把吃东西的速度放慢。前面我们讲就餐习惯的时候已经讲过，吃饭太快根本感觉不到饱的程度，大部分人停下来的时候实际已经吃多了。

总是饿？可能只是嘴巴寂寞

了解了饱的感觉，接下来了解一下饿和馋，区分到底是真的饿了需要补充食物，还仅仅是嘴巴馋了。

先看看饿。

跟饱一样，饿也是分等级的。美国作家伊芙琳·特里弗雷在她的畅销书《减肥不是挨饿，而是与食物合作》中很清楚地描述了饿的表现，从轻微到强烈的表现分别是：

- 胃里轻微的咕咕声和抽搐
- 隆隆作响的声音
- 轻微头晕
- 难以集中注意力
- 胃痛
- 暴躁易怒
- 感觉昏晕
- 头痛

当然，饥饿感因人而异，但有一点是要注意的，不要在到达第六个等级，也就是烦躁了之后再吃东西，这时候说明大脑已经很不满意了，这时吃东西很容易暴饮暴食，这样又会经历一次减肥失败！这是一个死循环，为了避免走进这个怪圈，应注意以下两点。

第一，提前规划。假如提前知道晚饭要很晚才吃，即使现在还不饿，也要先吃点东西，避免经历晚饭前的饥肠辘辘，导致开餐后的暴饮暴食。

第二，常备零食。容易低血糖的人群，包里随时放一些零食，在血糖低的时候及时补充。减肥不是以损害健康为前提，慢一点不耽误到达终点。

如果没有前面说到的那些饿的症状，那想吃东西仅仅就是嘴馋了。为了解决嘴巴寂寞的问题，可以尝试以下方法。

第一，保持忙碌。打发寂寞最重要的方法就是忙碌起来，转移注意力，比如看书、学习、做家务等都可以。总之，不要让自己太闲。闲下来想吃东西的时候就去看一本好书，沉浸在里面真的会令你忘记食物。

第二，优选零食。想吃零食了，可以选择前面推荐的几款零食，吃完之后可以在减肥日记本上记录一笔：某天，想吃东西，然后吃了什么，给自己手动点个赞。

第三，定期清理冰箱。如果冰箱里都是适合减肥的健康食品，没有各种诱惑的小零食，即使闲下来无聊翻冰箱也没有用，因为没什么可吃的。后面有一节专门为大家介绍如何养成定期清理冰箱的习惯，你会发现管理冰箱也是在管理人生。

跟食物做朋友，避免"最后的晚餐"

很多人在减肥之前要大吃一顿，理由是感觉某些食物再也吃不到了，要进行一场告别仪式，有些人甚至要把这种仪式进行好几天。

这是万万不对的！拥有这种习惯性的思维永远无法真正减肥。

胖并不是食物的错，只是个人饮食习惯的问题。注意观察一下身边的瘦人，你会发现大多数瘦人并不会严格禁忌某一类食物，而是会适可而止。在减肥的初期养成食物定量的习惯就是要养成让身体知道该吃多少的习惯，让身体习惯吃饱了就停下来，等养成习惯以后就可以灵活地替换食物，更不用担心哪一种食物会从生活中永远消失。

感受饱、饿、馋的感觉非常重要，认真体会一下饱和饿的分级感觉，然后才能分清楚饿、饱、馋究竟是怎么回事。要想掌控自己的体重，认真地体会这三种感觉是非常必要的，它会帮助我们厘清自己跟食物之间的关系——我们要跟食物做朋友！

生活和美食并不矛盾，当我们能正确处理跟食物之间的关系，就再也不用跟心爱的食物告别了！

养成看"食品标签"的习惯

尽管已经小心翼翼，但选择食物的时候还是可能踩"坑"，其中最让人意想不到的就是超市里的"坑"最多。很多人不理解，超市里怎么会有"坑"，明明已经选择了大品牌健康食品！

那可未必！

麦片不一定是真的燕麦片；大枣、枸杞、阿胶糕并不能补血，更适合长肉；方便面虽然方便，但并不健康！

去药房买药，要看说明书再购买，怕吃错药；刚买回来的家用电器，要看一下说明书再用，怕把电器鼓捣坏了。去超市买食品怎么能不看说明书呢？难道不怕把身体这架"机器"搞坏了？

食品也有说明书！食物的原材料是什么，营养特性有哪些，有什么突出的营养价值，不适合什么人吃，这些都清清楚楚地在食品标签上写明白了，唯一的问题是食品的说明书"长相"不太突出，很多人都没有关注到它。由于食品的特殊性，食品的说明书并不藏在食品袋里，而是印在食品的外包装上，把那些花花绿绿的食品包装图案屏蔽，它们就清楚地显露出来了。

食品的说明书叫作食品标签，它的制作需要遵循《食品安全国家标准预包装食品标签通则》《食品安全国家标准预包装食品营养标签通则》等一些相关法律法规的规定。当然，作为一名普通消费者，大可不必了解得那么详细，只需掌握一些简单的营养知识，学会如何查看食品标签（食品说明书），就可以把那些隐藏在食品当中的秘密找出来，进一步扫清减肥路上的障碍！

认识配料表和营养成分表

食品标签的内容很多，重点关注两个区域就可以：配料表和营养成分表。

配料表或配料书写的是这款食物所有的原材料和食品添加剂的名称，这款食物由什么原材料组成，一目了然。

营养成分表是一个长方形或者正方形的小表格，表格上至少包括能量、蛋白质、脂肪、碳水化合物、钠等5项营养成分，其他营养素可标注在这5项之后。食品的营养成分表是用来说明这一款食品的营养状况，减肥需要关注的信息都在上面。

配料表

配料表：小麦粉，黄油，白砂糖，鸡蛋，葡萄糖浆，食用椰干，无核葡萄干，乳粉，食用盐，碳酸氢铵，食用香料，丁基羟基茴香醚。

营养成分表

项目	每100克	营养素参考值%
能量	2130千焦	25%
蛋白质	6.2克	10%
脂肪	24.3克	41%
反式脂肪酸	0.7克	—
碳水化合物	66.2克	22%
钠	197毫克	10%

- 能量：减肥最重要的就是控制能量的摄入，这部分最需要关注。
- 蛋白质：人体生命的基础，没有蛋白质就没有生命，吃好蛋

白质很重要。

●脂肪：人体储备能量的形式，吃进来的脂肪几乎会原封不动地储存在身体里，含脂肪太多的食物一定要小心。

●碳水化合物：大脑最喜欢的能量来源，是维持生命活动所需能量的主要来源。当然，碳水化合物摄入多了也不行，多余的碳水化合物会在肝脏里转化为脂肪储存起来。碳水化合物对人体来说是一把双刃剑。

●钠：真正导致血压升高的元凶，即使没患高血压的人也应该小心高钠食品。

食品营养成分表实际是在告诉消费者食用这款产品会给健康带来什么后果，营养更全面还是容易导致肥胖、高血压等各种慢性病。更直接点说，食品营养成分表是帮助消费者判断这款食物是否值得购买的依据！

减肥要拒绝高能量食物

超市里有一类食物尽量不要碰，那就是容易让人长胖的高能量食物。当一款零食每100克的能量大于1680千焦，它就是一款高能量食物。不但减肥的人不应该吃，即使普通人经常吃也很容易吃胖。

营养成分表

项目	每100克含量	营养素参考值%
能量	2130千焦	25%
蛋白质	6.2克	10%
脂肪	24.3克	41%
反式脂肪酸	0.7克	—
碳水化合物	66.2克	22%
钠	197毫克	10%

"高能量"食物，通常指提供能量在400千卡/100克以上的食物。千焦跟千卡一样都是用来表示能量的单位，但我们国家要求食品标签的营养成分表上的能量单位使用千焦。它们之间的换算关系为1千卡=4.2千焦，自行转化一下就可以。

$400 \times 4.2 = 1680$（千焦）

当然，这个比例关系也可以反过来计算，把食物的营养成分表上标注的千焦转换成千卡，以上面营养成分表中的食物为例，我们可以进行转换。

$2130 \div 4.2 \approx 507$（千卡）

这些计算有什么意义呢？它可以用来做简单的对比，来说明为什么总吃这样的零食很容易发胖。再以上面营养成分表中的食物为例。

- 该款食物每100克的能量是507千卡。
- 100克米饭的能量是130千卡左右。
- 100克蔬菜的能量是20千卡左右。
- 100克瘦猪肉的能量是150千卡左右。
- 女性减肥餐全天能量是1200千卡。

100克的该款食物≈400克米饭≈2500克蔬菜≈340克瘦猪肉≈42%全天能量

你知道上面营养成分表中的食物是什么吗？

谜底揭晓——这款食物就是大家都很喜欢吃的曲奇饼干。

一片曲奇饼干大约是9克，如果吃8片饼干相当于吃了一碗米饭！这么美味的零食，一次能吃多少？

这样的食物在超市比比皆是，比如薯片、巧克力、爆米花、蛋糕、饼干等，到处都是高能量零食的身影。

学会认识千焦和千卡还有一个妙用，那就是进行食物的替换。

减肥过程中很可能出现这样的情况：某一天突然疯狂地想吃某种零食，是忍着还是放弃减肥？二者都大可不必！看一下食品标签，计算这种食物所含的能量，替换掉日常食物就可以了。比如，曲奇饼干100克的能量是507千卡，如果想吃100克这种饼干，可以把当天的主食替换掉。每100克大米（干）的能量是360千卡左右，全天可摄入的大米为150克，刚好可以换100克的曲奇饼干。也就是说，把全天的主食替换成100克曲奇饼干。当然了，为了美味总是要付出一点代价的，今天的主食都替换掉了，只能靠多吃点蔬菜填满胃了！

偶尔这么做并不影响减肥，也大可不必担心一顿饭的营养很差会影响身体健康。不过，如果天天都惦记着吃高能量的零食，就真的没办法减肥了，更别说健康了。

小心商家的"温柔"陷阱

有时候不是我们不够聪明，只能说商家太狡猾！

很多人看到过如右面表格中所示的营养成分表，第一个反应就是还不错，能量很低，按这个标准去吃应该怎么吃都不会胖。

注意看，右上角框

营养成分表每份34克（1枚）

项目	每份	营养素参考值%
能量	624千焦	7%
蛋白质	1.4克	2%
脂肪	6.2克	10%
反式脂肪酸	0克	
碳水化合物	21.8克	7%
钠	104毫克	5%

起来的部分，它的单位可不是100克！

营养成分表中使用每份这个单位并不违反国家规定，因为有些食物的食用量很小，比如酱油，每次可能只用十几毫升而已，写每份更具参考意义。

但这样书写就出现了一个问题——每份不足100克，看起来能量很低，很容易让人误判。在右上角的位置标示每份34克，100克差不多是3份，计算一下，这款食物每100克能量已经超过了1800千卡，也就是说它其实也是一款高能量食物。这是一款"派"，要知道，很多人通常一次不止吃一个。

好吃又美味的零食通常能量很高，这几乎是一个共识。如果有能量低得让人感到意外的美食，第一件值得怀疑的事情就是它的分量是不是按照100克来标示，掌握了这个基本原则，就不容易掉进商家的陷阱了。

蛋白质含量高低决定了食品价值

营养成分表

项目	每100克含量	营养素参考值%
能量	2130千焦	25%
蛋白质	6.2克	10%
脂肪	24.3克	41%
反式脂肪酸	0.7	
碳水化合物	66.2克	22%
钠	197毫克	10%

除了能量，营养成分表上还有蛋白质、脂肪、碳水化合物和钠，这四种营养素也是我们国家规定必须标示的。还是以刚才那款曲奇饼干为例，让我们继续解读这个表格。

第一列是各种项目，能量、蛋白质、脂肪、碳水化合物、钠等。

第二列是每个项目每100克的含量，提示该种食品每100克当中能够提供多少能量及各种营养素。

第三列是营养素参考值百分比，是用于比较食品营养成分含量多少的参考标准，是消费者选择食品时的一种营养参考尺度。

通俗地为大家解释一下。比如这款曲奇饼干，每100克含能量2130千焦，蛋白质含量6.2克，吃100克这种曲奇饼干可以满足我们全天能量需要的25%（营养素参考值%），以及满足我们全天蛋白质需求的10%，以此类推。

假设一天只吃这种曲奇饼干，剩下食物都不吃，能量和营养素都来源于这款曲奇饼干，吃100克的话可以达到全天能量需求的25%，吃400克这种曲奇饼干就可以满足全天100%的能量需要，但与此同时，400克的曲奇饼干只能满足我们40%的蛋白质需求。问题出现了——假如长期只吃这种饼干，很快就会造成蛋白质摄入不足。

蛋白质是人体所需最重要的营养素，没有之一。把人体细胞里的水分去掉，剩下重量的70%～80%都是蛋白质，可以说没有蛋白质就没有生命，蛋白质构成我们身体的每一部分，皮肤、肌肉、骨骼、内脏、头发、指甲，还有身体的各种免疫物质、反应酶、激素等。因此，我们当然要关心食物中的蛋白质吃得怎么样！

多吃一点儿行不行？为了避免蛋白质摄入不足引起的营养不良，按照满足100%的蛋白质需求去吃，则需要吃1000克这种曲奇饼干。但如果吃掉1000克曲奇饼干，其能量的供应量达到了250%，长期这么吃下去，很快就会吃胖了。

通过这种简单的对比，可以得出结论：这款曲奇饼干是高能量、低蛋白的食物，应该尽量少吃。其实，像这种高能量、低营养的食物在我们生活中处处可见，如饼干、糕点、薯片、各种糖果饮料等。虽然大家不会真的用曲奇饼干替代所有的食物，但是如果日常饮食中经常出现这种低营养、高能量的食物，健康状况和体重恐怕都要堪忧！

即使不了解一款食物的营养价值，只要看蛋白质和能量的比值就可以做出一个初步判断——在"营养素参考值%"这一列里，能量的百分比最好小于等于蛋白质的百分比；如果大于蛋白质的百分比就不太理想，尤其是差距越大，营养价值越差。

脂肪越少越好

减重期间的饮食要注意减少脂肪的摄入，特别要减少饱和脂肪的摄入。脂肪消化吸收到身体里就是纯脂肪，饱和脂肪还对心脑血管有害。所以，学会看营养成分表中的脂肪也很重要。

以牛奶为例，九宫格配餐法中的每天250克奶类推荐就是脱脂牛奶。全脂牛奶、脱脂牛奶都是牛奶，有什么差别？差别就在于脱脂牛奶中脱掉了脂肪。每100克的纯牛奶大概含脂肪4克，而且大部分是饱和脂肪。250克的牛奶大概含脂肪10克，以每克脂肪提供9千卡计算，脱脂牛奶脱掉了10克脂肪，也就相当于减少了90千卡的能量。同样喝奶，每天喝脱脂牛奶比喝全脂牛奶减少了90千卡能量，每天累积下来的数字还是惊人的。

当然，有时候光看脂肪的数值也不靠谱，如果减少了脂肪但多加糖怎么办？想要实现好的口感，糖和油是一对互补的"好兄弟"，食品企业经常是少放糖就多加油，少放油就多加糖，作为消费者的我们，该如何拨开迷雾？秘诀是对蛋白质和脂肪进行对比。

配料表

配料表：生牛乳、食品添加剂（单、双甘油脂肪酸酯、蔗糖脂肪酸酯、微晶纤维素、羧甲基纤维素钠、三聚磷酸钠、食品用香精）

营养成分表

项目	每100mL	营养素参考值%
能量	139千焦	2%
蛋白质	3.0克	5%
脂肪	0克	0%
碳水化合物	5.1克	2%
钠	58毫克	3%

在选择同一类产品的时候，比如选择一款饼干，最简单的方法是将蛋白质和脂肪进行对比，蛋白质的营养素参考值（NRV）%跟脂肪的营养素参考值（NRV）%的比例越接近，营养价值相对就高一些。

下面为大家展示了四款饼干的营养成分表，很明显，第四款饼干蛋白质的营养素参考值（NRV）% 跟脂肪的营养素参考值（NRV）% 更接近，营养价值也就高一些。

曲奇

项目	每100克	营养素参考值%
能量	2130千焦	25%
蛋白质	6.2克	10%
脂肪	24.3克	41%
反式脂肪酸	0.7	
碳水化合物	66.2克	22%
钠	197毫克	10%

苏打饼干

项目	每100克	营养素参考值%
能量	1950千焦	23%
蛋白质	10.0克	17%
脂肪	20.0克	33%
碳水化合物	61.0克	20%
钠	785毫克	39%
维生素D	1.8微克	36%
钙	300毫克	38%

粗粮饼干

项目	每100克	营养素参考值%
能量	2173千焦	26%
蛋白质	8.1克	14%
脂肪	28.8克	48%
碳水化合物	53.6克	18%
膳食纤维	7.3克	29%
钠	171毫克	9%

饼干

项目	每100克	营养素参考值%
能量	1750千焦	21%
蛋白质	10.5克	18%
脂肪	8.7克	15%
碳水化合物	72.9克	24%
钠	288毫克	14%
钙	278毫克	35%

含糖高不高，商家说的不算

大部分饮料的基本成分就是糖，要想知道一瓶饮料加了多少糖，方法非常简单，看碳水化合物的含量就可以，再乘以一瓶饮料的重量，得出的数值就是糖的量。计算之后的结果让很多人惊讶，通常一瓶500毫升的饮料就让人不知不觉地喝进去了50多克的糖。

营养成分表

项目	每100克	营养素参考值%
能量	359千焦	4%
蛋白质	2.6克	4%
脂肪	3.0克	5%
碳水化合物	12.0克	4%
钠	60毫克	3%

很多食品在加工制作的过程中也会加很多糖，而我们国家并不强制要求标示出具体配方里加了多少糖，像饼干、面包等食品原料当中的小麦粉里原本就含有大量的淀粉（也是碳水化合物的一

种），所以这类食物只看碳水化合物这个区域意义并不大。通常碳水化合物这个区域只有在选择酸奶的时候可以用到，见第124页的酸奶营养成分表。

每100克牛奶中碳水化合物含量通常是4克左右，我们可以粗略地计算一下酸奶中糖的添加量。每100克酸奶当中的糖添加量=100克酸奶中的碳水化合物含量−4克。

我们再以上表为例，100克酸奶当中的糖添加量=12克−4克=8克，则这款酸奶每100克中大概有8克是额外添加的糖，喝300克这种酸奶，大概会额外摄入24克左右的糖。

加糖是为了迎合消费者的口感，100克奶中糖含量为12%就有些高了，更有甚者如下表，这款酸奶每100克的碳水化合物含量高达15克，相当于每100克酸奶当中添加了10克以上的糖。

长期喝这样的酸奶很糟糕，一方面摄入了更多能量，另一方面会影响人们对于食物选择的偏好，人天生对糖没有抵抗力，长期喝这样的酸奶很容易养成喜好甜食的习惯。

在超市的货架中还有一个特别的区域——无糖专柜。它们真的"无糖"吗？如果仔细看一下商品名称，包装上写的都是"无蔗糖"，也就是没有额外添加蔗糖。像饼干、面包、糕点等食物的主要原材料就是小麦粉，而小麦粉的主要成分淀粉就是碳水化合物，它们怎么可能"无糖"呢？

营养成分表

项目	每100克	营养素参考值%
能量	401千焦	5%
蛋白质	2.5克	4%
脂肪	2.8克	5%
碳水化合物	15.0克	5%
钠	60毫克	3%

不要被"无糖"蒙蔽双眼，无糖经常意味着配方当中要加入更多的脂肪来平衡口感，可能比普通的食物有更高的能量和更糟糕的营养状况。

不想血压高，小心食品里的钠

目前，中国成年人的高血压患病率约为25.2%，通俗来讲就是每4个成年人中就有一个是高血压患者。高血压是导致多项慢性疾病的危险因素，控制血压刻不容缓。

很多人都知道控制血压要少吃盐，但大部分人并不知道真正影响血压的是钠元素。盐的化学名称是氯化钠，也就是说，它由氯元素和钠元素组成，这其中的钠元素才是真正升高我们血压的元凶。所以，不要以为只有吃多了盐才会升高血压，所有钠含量高的食物都要小心。因为高血压在我国属于高发慢性疾病，所以有关部门明确规定，食品标签的营养成分表中必须标示钠。

肥胖本身就容易导致血压升高，所以更应该注意少摄入钠。如果已经有高血压的肥胖患者，学会看营养成分表中的钠就更重要了。

营养成分表

项目	每100克	营养素参考值%
能量	1481千焦	18%
蛋白质	10.4克	17%
脂肪	1.1克	2%
碳水化合物	74.3克	25%
钠	786毫克	39%

左面的表格是一款挂面的营养成分表，其中钠的营养素参考值是39%。假如全天的主食都换成挂面，即全天食用150克的挂面，150克挂面钠元素的营养素参考值是58.5%，占了一

天钠摄入量的一半，盐很容易超标。

这款挂面还不是最夸张的，有不少挂面每100克的钠含量就达到了全天100%的钠摄入量。这就意味着吃100克这种挂面全天都不能吃盐了！否则，血压就在不知不觉中"被升高"了。

另外，很多人爱吃的方便面，除了面饼里加盐，调料包里也有很多盐和各种含钠的添加剂，面饼和调料包里的钠加在一起经常超过全天100%的摄入量。如果再外加一根火腿肠和一碟咸菜，那一份方便面可能要吃掉两天的盐摄入量。

制作挂面为什么要加盐呢？

盐可以改变小麦粉里的蛋白质结构，使面条的口感更筋道，更有嚼头。婴儿辅食的面条通常很容易煮烂，稍微一夹面条就夹断了，这是因为根据国家规定，制作婴儿辅食不允许加盐，没有加盐的挂面"筋性"就要差一些。

为了使面条口感好，除了在制作过程中加盐，还有些加盐略少的面条则是加了碱，加碱同样可以起到增加面条韧性的作用，但加碱会破坏面粉中的维生素，营养状况往往更糟糕。

在超市想找到一款不加碱又含盐量比较少的挂面实在很难，如果营养成分表上的字再小一点，对于眼神不那么好的中老年人来说更是难上加难。对于"无面不欢"的人可以参考以下建议。

第一，网购一个面条机，非常方便，自己在家做面条，不用加盐，也

营养成分表

项目	每100克	营养素参考值%
能量	1470千焦	18%
蛋白质	13.0克	22%
脂肪	1.5克	3%
碳水化合物	70.2克	23%
钠	0毫克	0%

不必加碱，既方便又健康。

第二，选择意大利面。

右面的表格为意大利面的营养成分表，从表中可以看出，意大利面的钠含量是0。它的配料特别简单，就是硬质粗粒小麦粉和水。它的饱腹感很强，耐煮，韧性强，品种多，可以做成各种各样形状的面，很适合减肥期间食用。

第三，选择杂粮面条。荞麦面、小米挂面、黑米挂面等杂粮面条不含盐，这一点也可以从配料表中看出。特别推荐吃荞麦面，它的口感和营养一流。

挂面只是比较典型的隐性高钠食品，像这样的食物还很多，如牛肉干、西梅、鱿鱼丝等都是隐性的高钠食品。当然，学会看食品标签，那些钠也就藏不住了。

常见富含钠的食物（毫克/100克可食部）

食物名称	钠	食物名称	钠	食物名称	钠
虾皮	5058	蛋清肠	1143	多维面包	653
虾米	4892	大腊肠	1099	小泥肠	648
鲑鱼子酱	2881	火腿	1087	龙虾片	640
咸鸭蛋	2706	扒鸡	1001	豆腐干	634
鲮鱼（罐头）	2310	午餐肉	982	红烧鸭（罐头）	628
香肠	2309	酱鸭	981	风干肠	618
老年保健肉松	2302	鱿鱼（干）	965	油条	585
咖喱牛肉干	2075	香肠（罐头）	874	羊肉串（炸）	581
牛肉松	1946	酱牛肉	869	沙蛤蜊	578

食物名称	钠	食物名称	钠	食物名称	钠
虾脑酱	1790	叉烧肉	819	油饼	573
鸡肉松	1688	火腿肠	771	珍珠里脊丝（罐头）	572
盐水鸭（熟）	1558	肯德基（炸鸡）	755	蒜肠	562
广东香肠	1478	鹌鹑蛋（五香罐头）	712	午餐肠	553
羊乳酪	1440	小红肠	682	蚕豆（炸）	548
福建式肉松	1420	素火腿	676	松花蛋	543
腊肠	1420	猪肝（卤煮）	675	咸面包	526
葵花子（炒）	1322	契达干酪（普通）	670	海参	503
方便面	1144	契达干酪（脱脂）	670		

配料表上的顺序藏着食品的秘密

配料表要按照递减顺序书写！

配料，是指食品在加工过程中用到的所有原材料，当然，也包括食品添加剂。看过了配料表，就会了解每一款食品究竟用什么原料制作而成。当然，了解这个并不是最重要的，最重要的是通过看配料表的书写顺序，就很容易了解一款食品的品质如何。

配料表按国家相关规定，必须按照递减顺序书写，也就是按照原材料由多到少的顺序书写，原材料中用量第一多的放在第一位，用量第二多的放在第二位，以此类推。小于2%添加量的，比如食品添加剂，就不用管顺序了。这样一来，一款食品的真相就摆在面前了。

下面以两款燕麦片为例来教大家学认配料表。乍一看，这两款好像都是燕麦片，但实际上只有前面这款是真正的燕麦片！

食品名称：传统燕麦片（全粒）
配　　　料：燕麦
生产日期：见盒身
保质期：12个月
产品标准号：Q/RL 0016S

第一款食品的配料只有两个字——燕麦，这说明这款产品是用100%燕麦制作的，没有添加任何其他成分。第二款食品的配料包括大麦、白小麦、黑小麦、燕麦、裸麦、小米、丝佩尔特小麦,其中燕麦已经排到大麦、白小麦、黑小麦之后，位居第四，这说明它的燕麦含量很少，并不是一款真正的燕麦产品。

配料：大麦、白小麦、黑小麦、燕麦、裸麦、小米、丝佩尔特小麦

是不是燕麦片排在第一位就好呢?

这几年有一类燕麦产品也很火，吃起来很脆，传言说有减肥的效果。我们一起看看它的配料表：燕麦片、小麦片、白砂糖、燕麦粉、菜籽油、维生素E、红糖、香荚兰豆提取物、蜂蜜、海盐。

配料：燕麦片、小麦片、白砂糖、燕麦粉、菜籽油、维生素E、红糖、香荚兰豆提取物、蜂蜜、海盐

配料表的第一位是燕麦片没错，但后面都是什么？白砂糖+菜籽油+红糖+蜂蜜。这款燕麦片毫无疑问会比纯的燕麦片好吃，加了油和糖的食品哪有不好吃的道理，但是吃它能减

肥吗？答案显而易见。

通过看配料表的顺序还可以把那些名不副实的商品筛出来。

有一款果珍粉速溶固体饮料，只要两勺固体粉末，加上白开水就能冲出一杯很好喝的橙汁。包装很诱人，让人一看就会联想到美味的甜橙。它的配料表如下：白砂糖、酸度调节剂、磷酸钙、增调剂、橙味食用香料、着色剂（柠檬黄、落地黄）、维生素C等。这跟橙子有什么关系？它只是用了大量的糖加上模拟橙子味道的香精和色素配制出来的，是专门为我们的味蕾准备的快消品而已！

原料决定品质，内容比形式更重要

除了看配料表的顺序，配料表的食品原料更可以表明产品的品质。

1.糖

不是只有白砂糖、蔗糖才是糖，以下这些名字，它们都是糖：果葡糖浆、葡萄糖浆、麦芽糖、麦芽糖浆、葡萄糖、果糖、饴糖等。

现在越来越多的证据表明，食品业喜欢的果葡糖浆对人体健康的危害更大，它的出现大大降低了加工食品（特别是饮料）的成本，但是果葡糖浆的危害比白糖和酒精更大。果葡糖浆容易引发胰岛素抵抗，以及脂肪肝、Ⅱ型糖尿病、痛风的发病风险。

果葡糖浆的名字听起来像是水果提炼而成，但实际它跟水果没有任何关系。果葡糖浆是将玉米淀粉酶解得到的一种食品原料，甜度跟蔗糖差不多，但成本要远远低于蔗糖（白砂糖的原材料），所以果葡糖浆自诞生以来就受到食品业界的欢迎。现在果葡糖浆不仅被用于制作饮料，还涉足饼干、香肠、蛋糕、番茄沙司、雪糕等广泛的食品加工中。

糖是纯能量食物，除了能量提供不了其他的营养素，就算是很多人"迷信"的红糖、黑糖也是糖，里面的那一点点营养素也实在乏善可陈，还不如多吃点儿蔬菜水果来得更实际。而且，一款食物中只要加了很多糖，它的营养价值就会降低。

2.油

橄榄油、黄豆油、葵花籽油、亚麻籽油等，这些平常家里用的烹调油基本上不会出现在食品配料表中。加工食品的原料成本是企业产品定价时必须考虑的重要一环，为了节省成本，很多加工食品都会使用比较廉价的油，比如棕榈油就是很多商家的选择。棕榈油之所以受到商家的青睐有以下几个原因。

第一，它产量很大，价格低廉。

第二，它有一种天然的香味，口感好。

第三，在常温下是固态或者半固态的，比液态的植物油更方便运输。

但是，这种固态或者半固态的棕榈油的饱和脂肪含量非常高，吃多了对心脑血管有害。而且大家要小心，"棕榈油"三个字很少直接出现在配料表里，它只是换了个"马甲"，精炼植物油、代可可脂、油炸专用油里经常混杂着它们的身影。

3.食品添加剂

食品添加剂不是洪水猛兽，现代食品加工已经离不开食品添加剂，那些因食品安全问题引发的重大事件很多是非食品添加剂搞的鬼，它们叫非法添加物。

大多数食品添加剂对食用者健康是没有任何益处的，仅是"无害"而已，而且很多食品添加剂是不必要的，比如色素和香精。但食品添加剂也不都是为了好看、好吃、防腐或者杀菌等用途加入的，比如高钙奶里强化的钙，用的也是添加剂，是一种营养强化剂，它对人体健康有益。总之，大家还是尽可能少摄入一些食品添加剂，特别是当食物本身营养状况就很差的时候。

学会看食品标签，也就学会了看食品说明书，这是一项非常简单、实用的技能，小学生都可以轻松掌握。我曾经给很多小学生面授过食品标签的课程，他们的行动力超乎想象，很快就可以帮助家人一起选购健康食品了。当越来越多的人掌握这项技能，我们可能会改变食品加工企业的行为。因为当越来越多的消费者开始关注食品营养，企业就会在营养和健康方面多下功夫，从而改变食品配方，而这正是我们期待的！

养成定期清理冰箱的习惯

先来看两张图片，这两张图片是大家日常生活中冰箱常见的状态。左图照片中冰箱里的样子可能是大多数家庭的真实情况，塞得满满的，这样的冰箱如果进行清理可能会翻出不少过期的食物。这种杂乱无章的食物储存不但增加了食品过期变质的风险，还体现了生活的无序。另外，冰箱塞得满满的，冷空气流通变差，也会加快食物腐坏变质的速度。右图照片中冰箱里空空如也，就好像几乎没用过。这样一个空荡荡的冰箱并不代表生活的整洁，它映射出的可能是糟糕的饮食状况，毕竟冰箱空荡荡，说明冰箱的主人并没有进行食材的准备，不是经常在外面吃，就是天天点外卖。

减肥期间是要对膳食进行计划的，必须有适当数量的食物储备。退一步讲，即便是不减肥，一日三餐难道不需要在家里准备一些必要的食材吗？

冰箱最能反映一个人的生活状态，管理冰箱也是在管理人生。

冰箱的"断舍离"

《断舍离》是风靡全球的一本书，书中讲述了房间的整理，又进一步推及人生整理，其中有些观点用在我们减肥，包括冰箱整理上也很适用。

1.断

"断"字，它代表的是我们对购买行为要预先做判断，购物的时候要三思而行，千万不要一时头脑发热，禁不住商家的各种诱惑，买回来一堆自己可能根本不需要，或者是不需要那么多的食物。埋单之前多问自己几个问题，看看是否真的需要它，比如：

- 吃了会不会长胖？
- 品质真的好吗，还是仅仅因为便宜？
- 家里还有没有没吃完的？
- 这些要吃多久？
- 买这么多会不会过期都吃不完？
- 时间长了它的品质会不会下降？
- 最后扔掉的话会不会心疼……

最后记住：必需的东西只储备合适的量，不适合减肥吃的食物坚决不买。

2.舍

接下来就是舍，也就是要整理冰箱，扔掉冰箱里的"垃圾"。

- 过期的、低品质的食物，扔掉。
- 买了很久但从来没吃过的食物说明当初的购买行为只是一时头脑发热，继续存放只会浪费电费，扔掉。
- 那些容易造成减肥失败的食物，比如各种甜点、油炸食品、果酱、饮料、沙拉酱等，清理出冰箱。

　　●没有过期但不适合减肥期间食用的食物如果舍不得丢掉，可以送给亲朋好友或者邻居，但必须清理出冰箱。

　　3.离

　　离其实是一种状态，让我们不要再执着于买买买。食物已经不再是我们对生存最基本的需求了。食物，特别是美食，已经上升为一种感官享受。我们的生活水平在提高，我们值得享受更好的食物，不好的食物就应该扔进垃圾箱，而不是扔进我们的胃。

　　让冰箱保持必要的整洁，只让真正健康的食物进入冰箱。如果觉得扔掉浪费，那么还是回到第一个字——"断"，别买那么多无用的食物回来，那才是真正的浪费。

冰箱分层管理，物放有序

　　当家里的冰箱经历了"断舍离"，剩下的食物是真正要存放到冰箱里的，但这些食物不要随意摆放。冰箱里食物的摆放也是有讲究的，就像我们整理房间一样，要物放有序。

　　冰箱通常分为冰鲜、零度、冷冻层，下面以我自己家的三层冰箱为例，为大家讲解一下冰箱整理的方法，按照这个整理的方法和原则，大家可以根据自己家的实际情况对冰箱进行整理。

　　1.冷藏层

　　第一层：奶制品

　　小包装的脱脂奶或纯牛奶都是经过超高温消毒灭菌的，保质时间很长，可以放在室温下储存，一次一盒刚刚好，不需要放进冰箱；如果买的是大包装的脱脂牛奶或者纯牛奶，一次喝不完就可以放在冰箱最上层靠左。

保质期21天的酸奶也是放在这个位置，当然，最好是在7～10天之内喝完，这期间的口感和品质最佳。如果是自制的酸奶要尽快喝掉，最好不超过两日，因为自制的酸奶安全性较难把控，更容易变质。

近几年流行一种放在普通货柜销售的酸奶，它们在发酵完成之后又经过巴氏消毒，乳酸菌都被灭活了，不会继续发酵，可以保证酸奶的口感不会发生变化，保质期也变得更长了。这样的酸奶不用放进冰箱，常温储存就可以。

有很多北方菜的烹制方法需要酱料，各种酱料放在第一层就可以。一方面，形状各异的瓶子放在上面不太显眼，会提高冰箱整体的整洁度；另一方面，这些不太健康的食物放在上面不太显眼也就不容易引起注意，也可以少吃一些。

第二层：熟食和剩菜剩饭

第二层可以放各种熟食，也可以摆放前一天的剩菜剩饭。不管是过年还是平时，都不要把剩菜的摆放超过一层，超过一层代表接下来的几天可能都要吃剩菜剩饭，非常不健康。而且只要有剩菜剩饭，就会着急把它们吃掉，导致吃进去过多的食物。剩菜剩饭尽量在第二天吃完。

第三层和第四层：蔬菜

第三层、第四层都可以放蔬菜。蔬菜是减肥期间非常重要的一类食物，每天需要的数量最多，体积也比较大，一般情况下放在冰箱的三、四层，也就是冰鲜层的下面两层。

小油菜、小白菜、韭菜、西蓝花等蔬菜水分很大，也比较容易变质，可以用蔬菜纸、牛皮纸包裹，或者更简单一点，用纸巾稍微把蔬菜包一下，放入保鲜袋，封口后放入冰箱保鲜，否则绿叶菜在冰箱里会继续呼吸，产生的水分会加快它变质的速度，经过这样处理后的绿叶蔬菜可以保存3~5天。

茄子、芦笋、胡萝卜、黄瓜这类块状的蔬菜可以用保鲜膜包一下，跟空气隔绝会减少水分的流失，延长保质时间。一般情况可以保质1~2周。

蔬菜放入冰箱之前不要水洗，水洗的过程会有营养素的流失，水洗之后营养素的流失会更快。一般在放入冰箱前只要简单处理就可以，比如择掉已经受损或烂掉的菜叶，也可轻轻处理掉蔬菜表皮上的泥土。

2.保鲜盒——水果

水果放在冷藏层最下层的保鲜盒里。注意，虽然保鲜盒的体积很大，但是水果不要储备太多，每天才需要100克，4个苹果就够一个人吃一周了。而且有些水果并不适合放进冰箱，比如杧果、香蕉这类热带水果，容易冻伤并且影响口感。

瓜类的水果个头都比较大，可能需要切开分几次吃，记得一定要包上保鲜膜，或者放在保鲜盒里存放，保鲜膜可以降低细菌的繁殖速度。其他水果最好不要切开，整个保存，因为每一个刀口都会加速水溶性维生素的流失，更糟糕的是，每一个刀口都可能成为细菌繁殖的基地。

3.冷藏门——蛋、油、饮料

冷藏层的冰箱门上，可以放一些鸡蛋，还可以放一些容易氧化变质的油，比如亚麻籽油、核桃油，这些油开封了以后就要放入冰箱，放在冷藏门这个位置刚好，不容易移动。冷藏门还可以放各种调味品，比如番茄酱、沙拉酱、芥末酱，还有一些虾皮、枸杞、葡萄干也可以装在密封罐里，然后放在这个位置。

鸡蛋一次不要买太多，20个左右足够一家三口吃一周，而且现在去超市购买新鲜鸡蛋也很方便。不新鲜的鸡蛋不仅味道变差，还容易感染沙门氏菌，存放时间越长，感染风险越高。

4.冷冻层

第一层：速冻饺子、馄饨

第一层冷冻室的温度是最低的，冻结速度也是最快的，比较适合放速冻饺子、馄饨，还有其他需要迅速冻结的食物。

第二层：杂豆、馒头等主食

各种已经煮好的杂豆、馒头、包子、冻豆腐等比较适合放在冷冻层的第二层，但最好在一个月内食用完毕。不需要太大空间或者不需要长时间储存的其他食物也可以放在第二层。

第三层：鱼禽肉类

第三层可以放一些鱼禽肉类。如果买回来的肉一次吃不完（毕竟50克的肉很难买到），可以进行一定的处理之后再放入冰箱。首先，切成50克左右的小块，用小的保鲜袋进行分装，然后用记号笔在保鲜袋上写上食材名称和储存的日期，以防时间久了忘记存放日期。这种处理方法可以让我们在清理冰箱的时候把储存时间比较早的食物先处理掉，也可避免肉类长得太像而分不清楚食材，比如，本来想做个爆炒羊肉，结果肉化了以后才发现是块牛腩。

如果购买的鱼禽肉类超过两天的量可放入冷冻层的第三层，需要用的时候拿出来一份或几份炒菜的时候用。

鱼的处理方法相同，比如三文鱼、鸦片鱼、刀鱼等都需要提前处理，清洗处理完毕之后可以按重量切好，然后分装保鲜袋，放入冷冻第三层摆放整齐。

需要注意的是，放在冷冻层并不代表食物可以无限期储存，冷冻只是减缓了食物变质的速度，但并不会阻止食物变质，所以放久了的各种肉类都会逐渐失去水分并且口感越来越差。鱼和肉的储存期限最好不要超过六个月。

冷冻时间推荐

- 鱼类3～6个月
- 鸡肉12个月
- 牛肉3个月
- 肉排9个月

5.零度保鲜层

无论是生鲜的鱼还是肉，第二天需要用的话，都可以在前一天晚上放入零度保鲜层存放，如果没有零度保鲜层也可以放在冷藏层里。

利用冰箱，快速备餐

早上时间太紧张，很多时候都来不及准备早饭。其实，只要做好充分准备，第二天一早做份快手早餐完全没有问题，甚至可以在做早餐的时候顺手把午餐也做出来。

头一天晚上把食材进行简单处理，比如把蔬菜择干净之后放进冰箱，第二起床后再洗切；或者再进一步加工一下，洗干净并切好了放入冰箱；还可以把需要用水焯的蔬菜提前用水焯好，然后再放入冰箱。当然，随着准备时间的延长，蔬菜的营养流失也逐渐增加，但这也是无奈之举，毕竟鱼与熊掌不能兼得。

周末时间比较宽裕，可以做一些全麦的包子、馒头、饺子等面食，放在冰箱里冷冻，等吃的时候拿出来简单加工一下就可以了。

杂豆饭、杂豆粥里的杂豆不太容易煮烂，每次都需要提前浸泡，其实挺麻烦的，建议一次多泡一些，然后也按比例用保鲜袋分装好，放在冰箱第二层冷冻层，每次做杂豆饭的时候拿出来缓化即可。

养成定量运动的习惯

肥胖，究竟是吃得太多还是动得太少？

胖是因为吃得太多？跟30年前比，我们的主食摄入量一直在下降，蔬菜摄入量也在下降，烹调油、蛋肉等动物性食物有所增加，这样能否判断能量过剩？不一定。生活水平提高，物质生活丰富，如果只是用吃得多来解释是说不过去的。

是动得太少吗？在没有洗衣机、扫地机、洗碗机的时代，很多家务是要用双手去做的，连洗床单、被褥这样的"大活"都完全是手动。过去，工厂里很多工作也需要人工耗费很多体力去完成，上下班的交通工具只有自行车，每天的活动量非常大。

如果吃和动之间必须揪出一个致人肥胖的原因，那动得太少恐怕才是更主要的原因。

换个思路，反过来思考一下，人体消耗能量也不用只局限于运动，增加所有相关的身体活动都是可以的。

身体活动形式多样，学会自由替换

身体活动的范围（Domain）是比较宽泛的，包括：

1.日常生活活动

日常生活所需的活动，如吃饭、洗澡、如厕、穿衣、上下床等，以及基本的移动。

2.日常生活的工具性活动

与独立生活有关的活动，包括准备食物、管理金钱、购买杂货或个人物品，以及做家务。

3.家庭身体活动

在家或家周围进行的活动，如做饭、打扫、家庭修理、园艺整理等。

4.休闲身体活动

在不需要工作、赶路或做家务时的自由活动，如运动或锻炼、散步、玩游戏（跳房子、打篮球）等。

5.职业身体活动

在工作中进行的活动，如在商店里摆放货架，在办公室分发包裹，在餐馆里做菜或传菜，在修车店里修车等。

减肥期间每天至少应通过各种身体活动增加300千卡的热量消耗。300千卡大概相当于中速（5公里/小时）步行1万步消耗的能量，不过不必担心，这个"1万步"其实可以转换成多种形式。比如每天提前一站下公交车，多走几百米到单位；三层以下不坐电梯改走楼梯；白天工作中时不时地从座位上站起来走动走动；下班回到家陪孩子多玩一会儿……如此一来，你会发现，身体活动的切入点非常多。只要利用日常生活中的点点滴滴增加一些体力活动，累积到一起就很可观。

以下是100千卡的能量消耗需要的身体活动参考时间：

● 80米/分钟的速度快走30分钟。

- 蛙泳10分钟。

- 羽毛球15分钟。

- 跑步20分钟。

- 跳绳10分钟。

- 瑜伽30分钟。

- 手洗衣服30分钟。

- 擦地30分钟。

- 扫地30分钟。

100千卡运动量的替换

300千卡的体力活动最简单的方案是每天中速步行1万步（相当于走5公里）。中速步行1万步大概要消耗的时间是1.5小时。每天走1万步特别适合不太运动，或者刚刚开始参与运动的人群。这项运动唯一的要求就是时间充裕，时间特别紧张的人就不太适合。那如果你很忙碌，是不是就要因此放弃运动，只靠饮食控制体重呢？

当然不是。你可以把300千卡拆解一下来完成，也就是把运动目标分成3个100千卡，把这些身体活动叠加或者组合成300千卡的消耗也是可以的。每天可根据自己可支配的时间和体力选择活动内容，原则上任何方式都可以。举个例子，300千卡可以是：

- 跳绳10分钟+快走30分钟+擦地30分钟=300千卡

- 打羽毛球15分钟+跑步20分钟+扫地30分钟=300千卡

每个人都可以根据自己的运动能力选择适合的运动组合。我有一个学员是全职妈妈，她的运动秘籍就是利用和孩子游戏的时间完成身体活动，孩子当作游戏，大人当作运动。还有一个学员从减肥开始就将上下班的出行方式从开车改成每天骑40分钟的自行车，效果也非常明显。体力活动可以多种多样，但有一点很关键，那就是想方设法地增加能量的消耗，每天都达到3个100千卡就可以。这些想尽办法消耗能量的结果就是——认真的人总是瘦得最快！

如果嫌自己记录时间很麻烦，现在也有很多运动软件，可以实时记录运动情况，大家可以根据自己的需求进行选择。

运动注意事项

第一，每次至少要完成100千卡，每天完成3个100千卡。

第二，每次至少运动10分钟以上，如果每次运动达不到10分钟，不管是什么运动都很难调动身体，达不到运动的效果。如果想提高运动能力，每次运动时间至少30分钟以上。

第三，循序渐进。从来都没有运动习惯的人，也可以从现在开始慢慢养成运动的习惯，不用一下子就达到300千卡，比如从100千卡开始，刚开始的时候可以只是每天增加30分钟的运动时间，哪怕只是走路。

第四，量力而行。运动的爱好可以慢慢培养，要量力而行。只有感受到了运动的乐趣，才能一直坚持下去。

第五，把目标定小一点。现在流行一个词语叫"微目标"，就是把目标定得很小，踮踮脚尖就能够着。目标虽小，坚持做下去就会有很大的收获。

第六，降低运动门槛，马上行动。不要总是说先去办张健身卡再运动，先从不限场地、不限时间的运动开始。记住，马上行动才是最重要的。

第七，从娃娃抓起。培养孩子爱上某项体育运动，绝对会让他们终身受益。

另外，温馨提示一下，如果想去健身房健身，一定要离家越近越好，最好就在小区附近或者公司的办公楼里。我有一个学员在她男朋友单位楼下办理了健身卡，美其名曰两人一起去健身，但是一个月之后她男友因工作繁忙，没有时间去健身了，她的健身卡基本上也废了。类似的情况很多见。距离绝对是阻碍我们去健身房运动的绊脚石。城市越大，时间成本越高，谁能舍得每天花数小时的时间往返在去健身房的路上呢？

运动之后更要吃动平衡

恰当的运动可以提高代谢率，但这同时带来了一个隐患，有研究表明，更高的代谢率会带来更旺盛的食欲。很多人锻炼之后会肚子饿，因为运动时流了很多汗，消耗了很多能量。所以经常有学员询问我运动之后可不可以多吃点儿。

跑步1小时消耗的能量大概是300千卡，走路1小时消耗的能量大概是200千卡，而一根油条的能量约为423.8千卡，相当于我们走13500步所消耗的能量，一个鸡腿汉堡的能量约为568千卡，要走18200步才能代谢掉。

我们总是过高地估计运动消耗的能量，过低地估计食物带给我们的能量，很多人减肥失败就是因为认为多吃一点儿没关系！由此可见，"管住嘴"永远是最重要的。

高能量食物与身体活动同等能量替换表

食物名称	食物重量（克）	所含能量（千卡）	活动量（千步）
油条	1根（100）	423.8	13.5
薯条	1包（100）	298	9.5
草莓冰激凌	1个（100）	243	7.7
鸡腿汉堡	1个（200）	568	18.2
比萨饼	1块（200）	470	14.9
老北京鸡肉卷	1个（175）	467	14.9

那是否意味着运动没用？当然不是。短期减肥靠饮食，长期保持体重靠运动，如果不想减肥之后皮肤松松垮垮，想要紧致好身材还真的离不开运动，特别是要有力量运动才行。力量运动增加的肌肉，可以让我们的线条看上去更优美，皮肤更紧致，这样才瘦得好看！

有氧运动最适合减肥

我们摄入的食物在经历了一系列消化之后变成了身体的不同组成成分。蛋白质依然合成身体蛋白质，脂肪依旧是脂肪，但是碳水化合物也就是我们说的糖就不是这样了，它的去向有三个：血糖、糖原（包括肝糖原和肌糖原）和脂肪。

血糖就像兜里的零钱，不会太多，但使用方便、快捷；糖原更像手机里的零钱，金额会大一些，使用也很方便；脂肪则像我们银行里的存款，钱多了放口袋、手机都不合适，放在银行比较保险。

葡萄糖是如何变成糖原和脂肪的呢？

我们每一餐都会吃很多碳水化合物（100克左右），它们并不能全部进入血液，否则血液就变成糖水了，只有一小部分葡萄糖进入了血液，用于维持血糖稳定，而剩下的就会被加工成糖原，储存在肝脏的叫肝糖原，储存在骨骼肌肉中的叫肌糖原，糖原在血液中血糖不够用的时候可以被身体调用，最后盈余的葡萄糖在肝脏合成脂肪，然后运输到身体各个部分，特别是脂肪组织，像银行存款一样储存了。

脂肪怎么消耗呢？

人体的大部分器官都可以利用脂肪提供能量，人在静止状态下消耗的能量主要是脂肪，所以真的是躺着都在消耗脂肪，之所以没瘦下来主要还是脂肪太多了。

糖原储备本来就不多，所以正常情况下消耗很小；随着运动强度的增加，糖原的消耗会增加，虽然脂肪消耗也在增加，但远远赶不上总能量的增加，所以这个时候脂肪消耗的占比反而变小了。

虽然蛋白质每天也有一部分用于提供能量，但是在运动中几乎很少会消耗蛋白质。

厘清血糖、糖原和脂肪之间的关系后，给想减肥的初级运动者一些具体运动建议。

1.建议减肥人群每天做一些中低强度的有氧运动

比如快走、慢跑、游泳等，这些运动相对简单，也很好操作。体重基数比较大的推荐快走、游泳。

有氧运动是指人体在氧气供应充足的条件下，全身主要肌肉群参与的节律性周期运动，比如快走、慢跑、游泳、滑冰、滑雪、打乒乓球、打网球、骑车、跳健身舞等。判断一项运动是否属于有氧运动，记住两个关键点即可，即有节律性，可以长时间地运动，比如快走，有节律，而且走一两个小时都不是什么难事。举个反面例子，比如跳绳，看起来也有节律，但是很快就坚持不下去了，所以跳绳就不属于有氧运动。

2.决定能量消耗的根本是距离

同等距离下跑步和走路消耗的总能量差不多。大部分人认为跑步比走路消耗的能量多指的是同样时间情况下，比如跑步30分钟当然比走路30分钟消耗的能量多，但如果是同等距离下，比如都是5千米，走5千米消耗300千卡，跑步5千米也是消耗300千卡，它们之间的区别就是跑步可能只需要1小时，走路需要1.5小时而已。了解这个原理之后，我们要做的就是定一个距离目标，例如每天5公里，究竟是走还是跑，或是走跑结合都没有问题，运动形式由自己决定。

3.中低强度有氧运动主要消耗脂肪

中低强度的有氧运动大部分消耗的能量都来自脂肪，小部分来自身体储备的糖和糖原。既然要减脂，当然是希望尽可能多地消耗脂肪，这个耗能模式再理想不过了。而且中低强度很容易实现，比如慢跑、快走，都是可以的。不必纠结运动能力，开始行动就比坐在沙发上不动强。

4.适当提高强度，练习心肺功能

有氧运动的最大优势是可以提高心肺功能，提高人的身体素质，如果强度过低就无法实现这些目标，像快走和慢跑很难刺激心肺功能。所以，建议刚开始运动时可以匀速运动，剩下一小段距离时可以冲刺一下，尽力提高速度。冲刺距离很短也不用在意，提高心肺功能不可能一蹴而就。

5.有氧运动不容易长肌肉

有氧运动练习的肌肉是慢肌，这种肌肉肌纤维直径小，毛细血管丰富，肌红蛋白含量高，有氧代谢能力强。因为肌红蛋白含量高而导致肌肉颜色较深，我们俗称红肌。很多女生不愿意跑步，担心会把大腿跑粗，其实大家多虑了。有氧训练并不会使这种肌肉变得粗大，大家看马拉松和长跑运动员就知道了，他们的身材几乎都很修长，绝不会一身肌肉。所以，只要强度合适，不用担心走路或者跑步会让腿变粗。而且女性是很难长肌肉的，何况增加肌肉量只有一个途径——力量训练。

减肥应先了解基础代谢的相关问题

体力活动的消耗大概只占我们全天能量消耗的15%～30%，那剩下的能量消耗在哪儿？答案是——基础代谢。

1.什么是基础代谢

人只要活着，一切生命活动都在消耗能量，能量代谢是一切生命的基本特征。基础代谢就是指人在维持呼吸、心跳等最基本的生命活动情况下的能量代谢。说得再通俗一点儿，基础代谢指的就是保证我们活着的最低的能量需要。

2.基础代谢所占比例很大

基础代谢大概占我们每天能量消耗的60%～70%。这个数字非常可观，它意味着其他的能量消耗方式加在一起也没有基础代谢多。相同身高、体重的条件下，基础代谢越高的人，越不容易胖。反之，基础代谢越低的人，越容易胖，当然也越不容易减肥。

于是，很多人都在想这个问题——是不是可以提高基础代谢？

哪怕只提高10个百分点，每天就可以增加100多千卡的能量消耗，这听起来真的很美好。到底能不能提高基础代谢呢？我们先来做一道计算题。

基础代谢的计算方法有很多，目前认为相对科学的计算方法是：

基础代谢（千卡/天）=21.6×瘦体重（千克）+370

瘦体重，指的就是肌肉和骨骼的重量，计算结果可以通过体脂分析仪检测的体脂含量推算出来。

瘦体重=体重×（100%−体脂含量）

举个例子，某女性，30周岁，身高160厘米，体重55千克，如果她的脂肪含量是25%，她的基础代谢是：

25%体脂率的基础代谢=21.6×55×（100%−25%）+370=1261（千卡）

如果她的脂肪含量是30%呢？

30%体脂率的基础代谢=21.6×55×（100%−30%）+370=1201（千卡）

通过以上计算，很容易发现一个规律，同样身高和体重的人，脂肪比例不同则基础代谢不同，且两者有反比关系：

● 体脂率越低，基础代谢越高。

● 体脂率越高，基础代谢越低。

每天60千卡的差距虽然看起来不多，但长年累月积攒下来还是很惊人的，一天60千卡，一年就是21900千卡，换成人体的脂肪，约3千克。

为什么会有这样的结果呢？因为相同单位重量下的肌肉会消耗更多的能量。所以，增加瘦体重，也就是增加肌肉量是可以提高基础代谢的方法。相比之下，其他影响基础代谢的因素，比如性别、年龄、激素、季节等几乎难以改变。也就是说，增加基础代谢，几乎只有增加肌肉量这个途径。

增肌只能通过力量练习

力量练习是指人体克服阻力、提高肌肉力量的运动方式，比如俯卧撑、引体向上、举哑铃、卷腹、深蹲、臀桥等。要想增加肌肉含量，只能通过力量练习获取。

1.增肌是肌肉破坏、再生、增生的过程

力量练习的过程中肌肉细胞会因为承受压力而受到破坏，之后肌肉细胞会得到修复，但并不是百分之百被修复，而且在修复的过程中会发生过度增生，也就是增生了一部分肌肉。随着肌肉细胞数量增多，继续进行力量练习后肌肉细胞被再度破坏，并再一次过度增生，这就是一个破坏增生、再破坏再增生的循环，如此反复之后肌肉量就增加了。

2.力量训练是一种无氧运动，主要消耗糖和糖原

力量训练的过程中葡萄糖无法进行有氧氧化，而是进行无氧糖酵解，糖酵解会产生很多乳酸，乳酸产生较多时会刺激肌肉中的游离神经末梢，让人产生肌肉酸痛感。再加上人体糖和糖原的储备不多，所以力量训练也不宜时间太长。对于时间比较紧张又希望自己的身材更紧致、更有型的人来说比较适合进行力量训练。

下面给大家提供一些力量练习的具体建议。

1.选择适合自己的力量练习

比如跳绳、举哑铃、弹力带、仰卧起坐、深蹲、引体向上等

都可以。用一句话描述，就是运动几分钟后就会气喘吁吁，很快做不下去的运动。除了跟减肥有关，这些运动通常也是强壮骨骼和关节，预防慢性疾病的好方法。

2.每周2~3次的运动频率

肌肉的再生修复过程需要时间，如果每天都进行力量训练就无法给肌肉休息的时间，肌肉自然也无法进行修复。当然，如果每天练习的肌肉群不同，比如今天练习上臂，明天练习下肢和腹部，交替进行，天天练习也没有问题。另外，力量练习最好找专业的教练指导，避免运动损伤和练错肌肉。

3.可以跟着网络学习

下载一个运动App，根据自己的身体情况选择运动项目。这样做的好处是不需要办健身卡，随时随地在家就能做，降低了运动门槛。但是，选择的运动视频最好是比较简单的，因为网络视频的缺点是，一些动作只有普适化视频，没有个性化指导，在没有教练的帮助下进行训练也有可能练出一身病。

4.适量增加饮食

运动量特别大的力量训练，可以适当地增加蛋白质摄入量，比如运动后增加10克左右的蛋白质，避免能量差距太大导致体重跳崖式下降。

运动前热身，运动后拉伸

牵拉练习是一种增加身体柔韧性和关节运动幅度的拉伸运动，比如压腿、压肩等。

运动前的热身可以降低运动损伤的概率，并且可以提高运动水平，所谓"磨刀不误砍柴工"就是这个道理。运动之后一定要拉伸，因为运动之后肌肉紧张，通过拉伸可以很好地放松肌肉。

运动时间的选择

1.早上空腹

建议早上空腹运动。虽然这个时候人的血糖水平有点低，但只要运动强度不大即可。这个时候运动主要动用的是脂肪，运动完后吃早餐刚好可以进行能量补充。早餐的食物尽可能丰富一些，主食也不能少，主食是补充血糖最主要的途径。除了补充血糖，主食还用于合成肌糖原和肝糖原，也就是进行"粮食储备"，这样可以大大减少脂肪的合成。

2.下午4点左右

这个时间段运动不会提升核心温度，不影响睡眠。人体入睡过程需要体温略低一些，这样才能更舒适，更容易入睡，运动会使身体的核心温度升高，而核心温度升高之后4小时左右才能降下来，这一点对于早睡的人群尤为重要。

3.晚餐前

安静状态下人体消耗脂肪大概占能量消耗的70%，低强度的运动依然主要消耗脂肪，如果在饭前运动，摄入的能量会很快补充糖原，并且逐渐提高肝糖原合成和储备的能力；如果在饭后运动，会更多地消耗糖原，而脂肪消耗减少。对于想减脂的人，建议饭前运动，运动后在"两小时黄金期"之内吃完晚餐，例如18～19点运动，在21点之前要吃完晚饭。

另外，从避免升高核心温度的角度考虑，运动强度不要太大。

特殊人群运动推荐

1.糖尿病人群

从控制血糖的角度考虑，建议糖尿病患者在餐后运动，这跟普通减脂人群不太一样。最好每次吃完饭就出门运动，运动形式以快走为宜，强度也不建议太大。另外，为避免低血糖的发生，建议糖尿病患者在运动时带一些糖块或者大枣，小的面包片也可以，以备不时之需。

2.高尿酸/痛风人群

高尿酸/痛风人群应以舒缓的走路、游泳等运动为主，避免运动疲劳。运动疲劳通常意味着运动量或者运动强度的设计超过自己的身体负荷，并且运动过量很容易诱发痛风发作。注意，运动时一定要穿非常舒适的鞋，挤脚的鞋也容易诱发痛风。

3.生理期的女性

大部分的有氧运动都可以持续进行，但不宜做跳跃、增加腹压的动作。

4.腰疼、腿疼等运动受限人群

游泳几乎是适合所有人的运动，因此腰腿疼痛的人可以选择游泳。如果不会游泳，可以换成走路一类的有氧运动，强度可以适当放低，慢走也一样消耗脂肪。记住一句话，只要动起来，就比坐着消耗的能量多。

养成每周称重的习惯

减重是否顺利，是否如期减掉体重，不能靠眼见为实，特别是当每周只减掉0.5千克～1千克的时候，靠什么来判断呢？称体重！

称体重也是重要的减重手段之一。有一项来自美国的研究，研究者把自我称重作为独立的减肥策略进行研究，研究追踪162人，为期两年。结果发现，第一年里，每天自我称重组的男性个体减掉了更多重量，女性个体则没有；第二年里，每天自我称重组的男性能够很好地维持其体重的下降，女性也一样。

那是不是推荐每天称体重呢？也不尽然。另一项研究表明，定期称重似乎对青少年有害无益，会负面影响年轻人的心理健康，尤其是女孩子。女孩子频繁地称重与其对体型的满意程度及自尊心下降等有关，以及增加年轻女性抑郁症的发病风险。

由此可见，是否可以每天称体重跟自身心理承受能力有着很大的关系。

另一项来自以色列对1.1万名超重或肥胖者的研究表明，他们在卫生健康人士的帮助下定期称重，轻松减掉5%以上的体重。

综合以上研究及我的实践经验，我推荐的称重方法如下。

1.减重期每周称一次体重

体重的构成很复杂，其中水分对体重的影响最大，相邻两天的体重很容易受到水分变化的影响而导致忽高忽低，比如头一天晚上吃得比较咸，第二天早上的体重就可能因为水潴留而增加几百克，这对不明真相的减肥者打击还是比较大的。但把时间维度放大到一周，这种影响就可以忽略不计了。

2.减重结束可以每天称体重，最少每周称一次体重

减重结束以后最重要的任务是防止体重反弹。为了保护减肥成果，适合每天称一次体重，一旦发现体重增加，务必提高警惕。但每天称体重的前提是要正确地称体重，有很多人错误地称体重造成虚惊一场。

如何正确称体重

减重期间称体重主要的目的就是检验减重方案的有效性。称体重有五个注意事项。

1.早上空腹称体重

即便是同一个人，都可能受进食的影响导致一天当中体重相差很大。早上空腹，前一天的食物消耗得差不多了，这时候称体重可以最大程度地排除饮食对体重的影响。

空腹，一般指早上起来未进餐之前。提醒大家一下，下午肚子饿的时候并不是空腹。另外，最好是上过厕所排空二便（大、小便）之后再称体重，毕竟有时候积攒了几天的便便重量也不轻。

2.统一着装

每次都穿着同一件衣服或者差不多重量的衣服，比如每次都穿睡衣称体重。最忌讳这次穿睡衣称，下次穿外套称，要知道一点点误差也会影响心情。

3.同一体重秤

体重秤也会有小小误差，不同的体重秤称重原理不同，可能

称出来的结果也不同，有时同一体重秤放置在家里不同的位置都会"变脸"，所以每次称体重都要用同一个秤，而且体重秤尽量放在固定位置不动，减少误差。

4.体脂检测

现在很多体重秤已经升级为体脂称，不但可以称体重，还可以测量体脂。体脂检测的数据是经过推算的，所以单纯的一次体脂检测意义不是特别大，只能作为参考。但是，如果在减重过程中一直记录自己体脂的数值就有意义了，体脂变化的趋势非常值得关注，它能真实地反映出减掉的究竟是水分还是脂肪。

5.错误示范

吃饭后或者剧烈运动之后称体重是不正确的。我有一个学员，有一次在晚上吃完饭称体重，称重结果简直让他崩溃了，直呼"一夜回到解放前"。其实这个结果再正常不过了，一天要吃好几斤的食物，即使到了晚上也没有全部消化代谢完毕，吃饱饭称体重绝对是自寻烦恼。

有些人喜欢在健身之后称体重，感觉自己在运动中挥汗如雨，一定甩掉了很多脂肪。其实，剧烈运动之后身体会发生很多应激变化，比如出汗很多，水分流失很多，而脂肪却未必减少多少，这个时候称体重也是错误的，基本上是虚假繁荣，减掉的都是水。

体重的构成

对着镜子看看自己，看得见的皮肤、牙齿、头发，还有看不见的骨骼、内脏、肌肉，以及那些我们拼命想甩掉的脂肪等，它们都是体重不可分割的部分。不过，构成体重的这些成分当中大致分两类，一类是重量相对不变的，另一类则是可以变化的。减重只要盯住可变化的那部分就行了。

1.不变的：骨骼、内脏等

不管怎么折腾，骨骼和心、肝、脾、肺、肾等内脏的重量基本是固定的，它们是维持生命活动的基本"硬件设施"，如果它们也在"减重"就要小心了。

2.可变的：肌肉、脂肪和水分

怎么还有水？没错，水也是体重的一部分，人体有一半以上的重量是水。我们都喜欢看小婴儿，新生儿身体的含水量可以达到80%以上，真的是水嫩水嫩的。随着年龄的增长，我们身体的水分含量会逐渐减少。

当我们身体中水分含量高的时候，体重也会增加，水分含量低体重就会降低。而且，水分含量跟人的健康状态和皮肤状态密切相关，我猜没有谁会希望把自己身体里的水分减掉，露出干瘪的脸吧？

肌肉、脂肪和水分，大部分人在减重的过程中这三种成分都会发生变化，很多时候是都在减少，只不过不同的减肥方法最终导致三者减少的比例不同。当然，排除一种情况，那就是拼命进行力量练习的减肥者可能出现肌肉和水分同时增加，只有脂肪在减少，如果是这种情况，那可真是太棒了！

肌肉、脂肪和水的小秘密

有些人一周能减掉约4千克的体重，遇到这种情况先不要高兴得太早，很有可能减掉的只是水分而已；有些人控制饮食拼命运动却一斤没减，也别沮丧，如果看起来瘦了，有可能是增加的肌肉和水分的重量抵消了减掉的脂肪重量。所以，先来了解一下水分、肌肉和脂肪之间的小秘密。

1.水分，可增加，增减容易

水分增减太容易了，喝一大杯水，体重就增加了；大汗淋漓地运动一场，体重就减少了。这时候的体重变化不过是虚惊一场或者是虚假繁荣。

水分同时也存在于肌肉和脂肪当中，脂肪当中的水很少，而肌肉大概有70%都是水分。随着身体肌肉和脂肪的增加或者减少，水分也会跟着变化。不过，因为肌肉含水量大，所以肌肉对于水分的影响会更大。

肌肉增加，水分大量增加；肌肉减少，水分大量减少。

2.肌肉，可增减，减易增难

肌肉是健康的晴雨表，一般做身体成分分析的时候，肌肉含量低，身体预判年龄就会比实际年龄偏大；反过来，如果肌肉含量高，身体预判年龄可能会比实际年龄小。

想增加肌肉？需要运动，而且是力量运动，比如哑铃、跳绳、深蹲、卷腹等，总之需要花点力气。可要减掉肌肉就太容易了，只要拼命挨饿就行了。人在饥饿的时候身体会分解一部分骨骼肌提供能量，骨骼肌分解、提供能量是最快速的一种供能方式，当人处于饥饿状态时它会优先启动，不管你愿不愿意。这是节食减肥的一大难题，一旦过度节食，得到的结果就是——瘦是瘦下来了，结果减掉的都是肌肉和水分，瘦会导致皮肤松弛、面色发黄，会影响人的形象。

3.脂肪，可增减，增易减难

增加脂肪很容易，你只需要大吃一顿，就会产生大量的脂肪。除了吃进去的脂肪，身体也会利用吃进来的食物能源加工一堆脂肪供身体使用。吃得刚刚好，就没有剩余；吃多了，剩下的脂肪就像存款一样存起来了。

减掉脂肪却很难。想减掉脂肪是需要一定智慧的，盲目节食带来的后果只能是像前面所说的，减掉了肌肉和水分，除了难看还可能导致营养不良。怎么把脂肪减掉，就是本书要介绍的内容，别着急。减肥一定要先了解一些基本的减肥知识，就像学英语一定要背单词一样重要。

不同的减肥方法会对应不同物质的流失。

第一种，饮食调整+适量运动。

如果能科学地控制饮食，再加上适量运动，那么每周的体重会以1千克左右的速度匀速下降，这个节奏是最好的。这种情况下，脂肪、蛋白质、水分会同时减少。

第二种，疯狂节食模式。

如果疯狂节食，一天不吃饭就可能减掉2千克左右，但不要高兴得太早，基本上流失的都是水分和肌肉。

第三种，饮食调整+大量运动。

如果在控制饮食的情况下又增加了很多力量运动，可能一两周体重都没有变化，那也不要过于焦虑，很有可能减掉的脂肪重量被增加的肌肉和水分的重量抵消了。这种情况不用担心，这种抵消不会一直持续，只要坚持，体重就会下降，而且从长远上来说这是好事，对健康和体型都是有利的。

从管理体重的角度上来说，我们应关注脂肪长在哪里。长在肚皮上和内脏器官上的脂肪要引起我们的重视，如果是大腿、臀部和胳膊上的反倒没有那么糟糕，作为正常的脂肪储备，它们是我们在突发情况下的"保护伞"。

体重升降代表什么？正确解读体重变化

称体重的结果基本上有以下三种情况。

匀速下降：每次称重减少1千克左右，大体重基数的可能减得更多一些，但只要是匀速下降都可以。

快速下降：如果发现这一周减得特别快，减了2千克左右，不要忙着兴奋，很有可能是水分丢失得过多。思考一下自己是不是没有严格按照配餐来吃，偷偷减掉了一些食物。这样可能导致蛋白质和水分丢失太多，造成皮肤松弛、营养不良等情况发生，而且一旦恢复饮食，很快复胖。

没有变化或者轻微上涨：首先查看饮食是否有问题，或者食材选择方面出了差错，又或者对于食物的重量估算不准确。如果这些都排除了，那回想一下最近的运动是否很给力，同时配合腰围等维度的测量，如果腰围减少了，那很可能是另一种情况，的确是瘦了，但是运动造成肌肉和水分增加，抵消了减少的脂肪的重量。这种情况也很常见，而且不用担心，这种抵消不会一直持续，很快体重就会下降。

除了以上三种情况，还有几种情况可能导致体重不变甚至轻微上涨。

甲状腺功能减退

照着食谱吃，运动也做得很好，体重却总减不下来，也可能是甲状腺功能减退。先去医院内分泌科查一下，如果确实是甲状腺存在问题，需进行相关治疗之后才有可能减重，否则只会白费力气。

多囊卵巢综合征

多囊卵巢综合征（PCOS）是育龄女性常见的一种复杂的内分

泌及代谢异常所致的疾病，主要临床表现为月经周期不规律、不孕等，是最常见的女性内分泌疾病。患这种疾病的女性减肥也会比较困难，但减重之后有助于疾病的辅助治疗。另外，多囊卵巢综合征患者应加强运动。

没有严格控制饮食

觉得自己吃得少和实际上吃得少是两回事。我有一个学员觉得自己吃得很少，抱怨自己喝凉水都胖，减肥没有希望了。我对他的食谱进行了详细的调查之后，发现他吃的"隐藏"食物非常多，这倒不是他故意的，而是他只记得在吃饭的时候吃了什么，他顺嘴吃的饼干、巧克力、花生米等根本没被他当作食物。

生理期波动

女性每个月都要经历的月经周期对体重也有很大影响。雌激素的变化会导致一定程度的水肿，身体里含水量的增加会导致体重秤上的数字不好看。不要担心，一般过了生理期，水分会很快排出。月经期可以不用称体重，等月经期过了，多余的水分会排掉，再称体重就会有惊喜。

外出就餐

如果称体重的前一天晚上出去吃了大餐，即使注意少吃，也可能导致第二天增重，这很有可能跟盐分和饮水量的增加有关，导致了体重的虚假上升。如果头一天吃了大餐别着急称体重，第二天实行控油、控盐的清淡饮食，隔天再称体重。

平台期

减重到一定程度可能会出现平台期，"3大法则帮忙，顺利打破平台期"一节专门讲述了平台期的问题，出现这种情况大家可以详细阅读。

第四章

解决这些减肥难题，做一辈子健康"瘦美人"

减肥的道路上遇到困难是必然的，但是不要退缩和逃避。无论你是经常点外卖的上班族，还是应酬多的商务人士，又或者遇到了减肥平台期，书中都有帮你解决减肥相关难题的办法。

点外卖——"外卖星人"的减肥餐指南

很多上班族因为忙碌的工作，一餐、两餐甚至全天都要吃外卖，减肥就变得很困难了。把自己的胃都交给别人，还想一边吃一边瘦，哪有这种好事？

吃外卖确实节省时间，但是问题也显而易见，比如油盐超标、主食超量、蔬菜摄入不足、营养缺乏等，吃外卖存在的问题远比人们想象得要严重。

外卖问题有诸多

1.油盐超标

餐饮企业的生存法则是用户购买行为至上，想要用户埋单，当然要取悦用户的味蕾，而最受食客欢迎的当然是那些重口味的餐品。所以，外卖的油盐超标在所难免，久而久之，那些经常吃外卖的人越来越"重口味"，同时也离肥胖、高血压及各种慢性疾病越来越近。

2.很难定量，主食超标

菜和饭都在一起很难实现定量，但想要控制体重，没有定量怎么行？中式外卖的主食几乎都会超标，这并不难理解，几块钱可以买1斤大米，平均一碗饭的成本才几毛钱，因此，低成本几乎会让所有的外卖米饭配送超标。

3.营养差，问题突出

首先，几乎所有的外卖都很少配蔬菜，蔬菜虽然不贵，但是相关的人工成本太高，择菜、清洗都需要人工完成，而且相比鱼肉蛋奶，清洗蔬菜还特别费水，同时蔬菜还特别容易出现卫生问题，比如西蓝花里容易出现肉虫。其次，很少有餐厅会有粗粮饭，一方面粗粮通常要经过预先处理，比起制作白米饭要花费更多的时间；另一方面，粗粮的成本通常也更高一些。最后，外卖食材的新鲜度也很难保证，随着时间的推移，营养素也在快速流失。

指出这么多外卖的问题，当然是希望大家尽量自己做饭。但是，有时候选择外卖是一种无奈，比如早上来不及做早餐，中午午餐时间短又没有做饭的条件，饭却不能不吃。但办法总比困难多，只要决心够大，花点心思在点外卖这件事情上，也可以搞定外卖减肥餐。

轻食餐选择注意事项

在国外，轻食餐最早在咖啡馆兴起，食物通常是搭配咖啡的简餐，这两年轻食餐也传入国内并迅速流行。轻食餐强调简单、适量、健康和均衡，食材原料以蔬果为主，从这个角度讲，轻食餐跟减肥是匹配度最高的。这里分享几个轻食餐的点餐技巧。

1.按照九宫格配餐方法选择

有一些轻食餐厅可以提供单点的服务，每个品类里有很多选择。比如选择一份基底蔬菜、一份三文鱼、一份意大利面就是一份标准的减肥餐了。有一些餐厅还会标出食物的重量和能量，能找到这样的餐厅就很幸运了，你可以根据九宫格的配餐要求在每类食物里选择自己喜欢的食材，并且可以经常换品种，完美实现定量和食物替换。

轻食餐里常见的玉米粒和豌豆能量更接近主食，应计算在主食的量里面。普通南瓜的能量和营养特点更接近蔬菜，每100克才20多千卡，因此南瓜的能量算在蔬菜里。

2.点套餐时注意食物的估重

大多数轻食餐厅的菜单是以套餐形式出现的，这适合选择困难症的人群，搭配好的套餐也可以节省不少时间。但是，需要注意的是，做轻食餐的人不一定就懂营养餐的搭配。所以，可以根据九宫格配餐法估算一下食物量（详见本书"养成估重的习惯，练就火眼金睛"一节），对能量的摄入有所把控。

3.小心酱汁让你发胖

轻食餐也可能让你一不小心能量摄入超标，主要的原因就在酱汁里。轻食餐都会搭配一小盒酱汁，这种酱汁一般都是购买现成的，一些店家也会自己制作。不同酱汁的能量差别还是很大的，我们以一小盒20克为单位，将各种酱汁对比一下。油醋汁口味的能量大概是60千卡，芝麻酱口味的能量大概是129千卡。相比之下，油醋汁的能量要低一些，因此建议优先选择油醋汁，或者把高能量的酱汁摄入量减少，不要吃那么多。

4.吃轻食餐也要讲顺序

吃轻食餐的顺序依然是：蔬菜—蛋白质—主食。先吃蔬菜垫底，饱腹感会增强，如果不注意进餐顺序，轻食餐也很容易吃不饱。

日餐选择注意事项

日本人是世界上最长寿的民族，这跟他们的饮食习惯有很大关系。日本人对食材的丰富程度很执着，据说很多妈妈给孩子带的午餐便当中食材种类可以达到30多种。另外，日餐注重食材的新鲜度（毕竟有不少是生吃的食物）和对食材本身味道的尊重，在烹饪上尽量保留食材的原汁原味，所以通常味道都比较清淡，少油少盐，这些特点也刚好符合减肥餐的基本要求。

减肥餐如果选用日餐，第一选择是手握寿司，1个标准手握寿司的米饭饭团重量约20克，6个标准的手握寿司的米饭大概120克，刚好是午餐主食部分的重量，男性就可以略多一些，大概吃10个。寿司卷也可以，但是寿司卷分量比较大，只能吃一半，剩下的分享给同事或者带回家，千万不要因为怕浪费全部吃掉。

需要注意的是，寿司通常是米饭+蛋白质组合，没有蔬菜，可以单点一份蔬菜。大部分的寿司店都有蔬菜种类匮乏的硬伤，如果店里有蔬菜沙拉，选择用油醋汁的蔬菜沙拉，能量比较可控。如果店里没有蔬菜沙拉，都是一些酱菜，就不要选择了，可以自带一份蔬菜。

传统中餐选择注意事项

1.粥铺、茶餐厅点餐技巧

减肥时很适合喝粥，有一定的饱腹感，又不用担心能量超标，而且种类繁多，可以做成各种花样，如皮蛋瘦肉粥、鸡肉粥、蔬菜粥、海鲜粥等。不过，尽量不要选择甜味粥，因为甜味粥额外加了糖，还容易饿。可以选皮蛋瘦肉粥或者鱼片粥、猪肝粥，有了主食+蛋白质，另外再点一份蔬菜就很好了。

2.饺子、馄饨

饺子、馄饨这类馅食在制作的过程中用油量很难控制，通常都不少，我们只能在其他方面下功夫。选择菜肉馅而不是全肉，比如芹菜肉、香菇肉、韭菜鸡蛋虾仁等有菜有肉的馅料，吃的时候分量减半，比如一盘饺子15个，吃七八个。另外，即使馅料是菜肉馅，蔬菜量依然远远不够，应再额外加一份蔬菜。

3.盖浇饭

曾经有一位学员很无奈地向我求助：出差在外，当地大部分的快餐是盖浇饭，怎么办？盖浇饭当然不是一个很好的选择，但运用一些技巧也可以改善就餐质量。

首先，记得提醒服务员，菜饭要分开，不要把菜浇在饭上，汤汁都浸到米饭里绝对是"灾难"。

然后，拨出一半米饭，只吃一半，剩下的一半不吃，但并不是直接丢掉，而是可以用来"涮菜"，也就是把油汪汪的菜放到米饭上压一压，把多余的油沾在米饭上，可以一定程度地减少油盐摄入。

4.麻辣烫、冒菜

麻辣烫在减肥期不属于完全禁忌类食物，毕竟食材足够多样，任君选择。蔬菜、主食、蛋白质都按生的重量估算一下，一顿大概可以吃一个巴掌大的蛋白质；2把蔬菜，蔬菜可以略多一些；半份主食或者更少。记得提醒老板不要再额外放油了，也不要点芝麻酱的蘸料，只要注意这些细节，在减肥期间吃麻辣烫也是可以的。

点外卖的更多技巧

1.先踩点

上下班的路上留意一下单位附近餐厅的店面大小、生意是否兴隆、卫生情况等，看到不错的餐厅可以记录一下。现在做快餐的开店门槛较低，大家应该擦亮眼睛选择卫生条件较好的餐厅点餐。

点外卖的基本原则

总结几个点外卖的基本原则供大家参考：
- 菜品整体清淡少油
- 主食可控
- 蔬菜够量
- 蛋白质非油炸（过油）

2.有些外卖万万不能点

有一些外卖是万万不能点的，比如西式快餐，点个汉堡能量就超标了，再加一包薯条、一杯可乐，多摄入了多少能量可想而知。

几荤几素的盒饭虽然摄入量可控，但也不建议点，总是这样吃得很随便，生活品质都会跟着下降。对待自己的胃如此不用心，就更别提管理体重了。

3.解决外卖蔬菜少的问题

外卖里的蔬菜少是个难题，除了轻食餐里蔬菜相对多一些，其他的餐厅要想买到适合减肥期间吃的蔬菜真的很难。大家可以用自带果蔬、自制酱汁的方式，解决外卖中蔬菜少的难题。

自带蔬果盒

圣女果、黄瓜、西红柿这样的蔬果非常适合生食，也方便携带。每天带一个小餐盒，容量够200克左右的蔬菜就可以，到中午吃饭的时候再清洗一遍就可以吃了。

像莜麦菜这样的绿叶蔬菜也非常适合生吃，但由于味道比较清淡，可以配一些蘸料食用。

自制酱汁

1克芝麻酱（加1勺水化开），也就是四分之一勺的芝麻酱，2勺柠檬沙拉汁（醋），3勺一品鲜酱油，3勺水，两瓣蒜做的蒜泥，如果喜欢吃辣的，还可以放一点辣椒粉，最后放少许白芝麻点缀。这里面主要的能量就是那一点点芝麻酱，但量少，基本可以忽略不计。柠檬沙拉汁和酱油是主料，能量很低。这种酱汁的做法还有改良版的，将芝麻酱换成一点点白糖就是另外一种口味。

这种酱汁用来凉拌蔬菜也非常完美。例如，可以把处理好的莜麦菜带一份到单位，中午放在饭盒里用热水烫一下，跟热水焯的效果差不太多，再用酱汁拌一下，就是很棒的蔬菜料理了。

外出聚餐——聚餐吃不胖的方法论

减肥期间尽量减少外出就餐，毕竟在外就餐容易长肉，但总有一些推不掉的聚餐，比如，结婚纪念日，亲戚的结婚酒席，好久不见的朋友聚餐……逃避，总不是办法！

如何应对这些推不掉的外出聚餐呢？只要熟悉和掌握下面我为大家介绍的"60分法则""90分清单"和"100分攻略"就可轻松应对。

外出聚餐60分法则

日常食物主要有三大类：主食、蔬果、蛋白质食物，营养减肥餐的秘诀就是这三类食物的构成比例尽量符合均衡膳食的要求。在外就餐的时候，鱼禽肉蛋这些蛋白质食物难免超标，同时烹调油的摄入量也会增多，蔬菜和主食的选择就要根据蛋白质和食用油摄入量的变化进行调整，避免总能量超标。

1.不要吃主食

饭店里高油、高糖的美食比比皆是，诱惑太大，一不小心就会吃多。为了保持总能量不超过1200千卡（女性）或者1500千卡（男性），只能减掉全部或部分主食的摄入。

需要注意的是，大家应了解主食的范围都有哪些（具体内容详见本书第二章"想不到吧，这些都是主食"），要特别小心那些不太像主食的主食。

偶尔一餐不吃主食不会对营养摄取产生太大的影响，比起"一顿胖两斤"，少吃一顿主食或许是成本最低（简单好操作）的解决方案。

2.招牌菜多选择一些海鲜

去饭店吃饭通常都会点一些招牌菜，而这些招牌菜通常都是荤菜，如果可以掌握点菜的主动权，建议招牌菜多选择海鲜。大部分的海产品都是典型的高蛋白、低脂肪的食物，比如海参、鲍鱼、龙虾、刺身等，特别是虾和贝类，脂肪含量很少；一些深海的鱼类脂肪略多一些，但它们的脂肪可以提炼鱼油，当然也是好东西，比如三文鱼；其他像黄花鱼、墨鱼、大海虾、蚬子、赤贝等，都是非常推荐的食材。

海鲜要注意选择合适的烹调方法，最优的选择是煮或者蒸。一方面，这两种烹制方法都少油；另一方面，只有新鲜的食材才经得起蒸煮的考验，不新鲜的食材一蒸就"露馅"，只能用油炸和浓重的调味掩盖它已变质的真相。换句话说，不新鲜的食材被"重口味"加工之后根本吃不出来。

3.尽量选择吃瘦肉

五花肉当然好吃，因为它的脂肪含量高，但只有瘦肉才是减肥最好的"伙伴"。自然界中的食材只有脂肪有香喷喷的味道，不管我们是否能看到食物白花花的脂肪，只要它的味道很香，那必定含有很多脂肪。脂肪含量高就意味着能量很高，同样是1克，脂肪的能量是蛋白质能量的2倍多，我们甚至可以简单粗暴地将脂肪理解为"香喷喷=胖嘟嘟"。所以，在外就餐只要有荤菜，尽量吃瘦肉，推荐牛腱子、里脊、牛排、鸡胸肉等。

4.少吃过油蔬菜，多吃一些生的蔬菜

蔬菜一般没什么味道，这也是很多人不愿意吃蔬菜的原因。去餐厅里点蔬菜，难度系数真的很高。

一个厨师朋友曾经跟我分享把蔬菜做得好吃的四字秘诀——舍得放油！饭店烹制的蔬菜通常都要在油里过一下，这样蔬菜被油包裹住，炒出来后不容易发蔫，还能保持翠绿的颜色，看起来"油汪汪"的，既好看又好吃。凉拌的蔬菜也经常会加大量的糖和油来调味，比起过油的炒菜好不了多少。所以，去饭店吃饭就不用纠结点蔬菜的问题了，除了吃火锅的时候可以随便吃蔬菜，其他形式的蔬菜吃不吃都行。当然，如果是原生态的吃法，比如生吃、菜包肉、白灼这些还是可以的。

外出聚餐90分清单

90分清单，最重要的就是掌握不同餐饮形式的就餐技巧。我们常见的聚餐形式主要是火锅、自助餐、炒菜这几类，根据不同的聚餐场景，我总结了几份不发胖清单供大家学习使用。

1.吃火锅不发胖清单

火锅是外出聚餐的首选形式，因为火锅的食材选择很丰富，所有类型的食物一应俱全，只要掌握一些不发胖的秘诀，就可以很愉快地吃上一顿。

选择菌菇汤底

将市面上的火锅底料进行对比，即便清汤火锅也会因为配方当中油的使用量不同而导致热量差出几百千卡。相比较来说，菌汤的底料会好很多，这是因为菌菇普遍富含呈鲜味的氨基酸，即使不放油脂，鲜味也足够浓郁。番茄汤底偶尔也可以选择，白汤主要看上面飘着的油是不是很多，辣的汤底基本上就是一锅油，最好不要选择。

蘸料选择海鲜汁

蘸料的选择也是一门学问。很多人喜欢蘸芝麻酱，这个绝对不能选。100克芝麻酱大概相当于500克米饭，也就是两大碗米饭的能量。虽然一次吃不了这么多，而且饭店里的芝麻酱会加水稀释，即便如此，芝麻酱蘸料的能量还是很高。花生碎也要小心，花生50%左右的成分是油。另外，像蘑菇酱、牛肉酱等酱料的基本成分也是油，建议不要选择。

蘸料中推荐海鲜汁，加上几个辣椒圈，这是广东常见的火锅蘸料。很多北方的朋友刚开始可能吃不习惯，但是细细品味可以感受到食材的原汁原味，值得尝试。

食材选择

推荐食材：海鲜、瘦牛肉都是不错的选择，多吃一些海鲜也不用太担心，高蛋白海鲜并不容易让人发胖。如果喜欢吃毛肚、鸭血这类低脂肪食材也没问题。各种豆制品（除了油豆腐）都值得推荐。蔬菜当中各种绿叶菜拼盘和菌菇可以多多选择。魔芋的口感跟粉丝很像，但是能量极低，是特别适合涮火锅的食材。

不建议选择的食材：肥牛片、羔羊片的瘦肉和脂肪比例基本上是5：5，尽量不选。藕片、马铃薯片、红薯片等淀粉含量高的蔬菜不要选择，它们都是"60分法则"中所说的主食。还有，粉丝也是主食，这点千万不要忽略。

另外，还要提醒一下大家，千万不要喝火锅的汤底，虽然它很美味，但它就是满满的脂肪和嘌呤！

2.自助餐不发胖清单

自助餐是减肥期间在外就餐最差的选择。很多人总觉得吃自助餐不使劲儿吃会"赔本"，再加上即便是五星级酒店的自助餐，也总是给人营造出一种不够吃的感觉，充分调动了人们吃回本钱的积极性。但经验告诉我们，往往还没吃完就感到后悔了——又吃多了！

想要吃自助餐还不发胖，在60分法则的基础之上需要注意以下细节：

第一次取餐

一定要挑选整场最贵的、最值得吃的食物，哪怕需要排队很久也在所不惜，因为它决定了是否能吃回自助餐价格的一半。这一目标达到了，后面才有可能从容应对，不慌不忙。

这一次选择的蛋白质食物可以是平时的两倍甚至三倍。

第二次取餐

第一次取餐基本上不是海鲜就是肉，第二次就可以选择一些不放酱的沙拉和新鲜水果。为什么强调不放酱呢？因为沙拉酱的主要成分是植物油，吃沙拉酱跟直接吃油没什么差别。

注意进餐顺序

刚开始进餐的时候对食物感官享受是最好的，可以先吃一些贵的、高品质的食物，接着可以吃各种海鲜和肉，然后吃一部分蔬菜，最后再吃一点水果。

别惦记吃回本钱

几乎所有吃自助餐的人都有吃回本钱的心理，但吃多了长的肉也是要花时间和精力减掉的。想想减掉1斤肉需要付出的时间和代价，相比之下，远远高于一顿自助餐的价格，还不如少吃一点！

3.炒菜

优选粤菜馆

如果能选择餐馆，建议首选相对来说油少的粤菜馆。

如何点菜

在餐馆点菜的原则参考"60分法则"基本上就够用了，应尽量选择烹调方式为蒸和煮的菜肴，少吃煎、炸类食物。

酒席上选红酒

推荐红酒并不是因为所谓的"养生"作用，只要是酒就含酒精，就会对健康有害，同时也影响减肥效果。但是如果避免不了要饮酒，选择红酒还是会有一点儿优势——能少喝一些。

一瓶500毫升的啤酒能量约为120千卡，一瓶750毫升的红酒能量约为340千卡，1瓶红酒大概相当于3瓶啤酒的能量。很多男士可以轻松喝掉3瓶啤酒，但一次喝1瓶红酒的人就少多了。红酒很容易"上头"，红酒喝多了第二天可能头疼一天。另外，红酒的价格高也是少喝的因素之一。

外出聚餐100分攻略

掌握了外出就餐的关键点，会让你逐渐摆脱条条框框的束缚感，就如同打通了任督二脉，任何形式的就餐都可以应付自如！但要做到100分，还要在90分的基础上更进一步。

1.注意平时的自我形象宣传

不断为自己贴上"我在减肥,我吃东西很挑剔"的形象标签,在应酬的时候,身边的人很容易帮忙说话!当然,这需要厚着脸皮强化一段时间,毕竟人都是视觉动物,只有瘦下来才有说服力。慢慢瘦下来,得到的鼓励和支持会越来越多。

2.应酬前吃个半饱

应酬聚会经常会出现开席延迟的情况,严重的饥饿状态下很容易让你打破规则。所以,在赴宴前可以吃一些东西,比如蔬菜,一方面可以垫垫底,防止吃多;另一方面让自己不至于因为太过饥饿而造成开席之后的饥不择食。

3.餐桌上多说话,少动筷子

聚餐本身就是一场社交活动,彼此需要在推杯换盏之间交流。嘴只能同时做一件事情——吃饭或者说话,这时候选择多说话,少动筷子,既可以做到少吃,又能了解更多信息,增进彼此的感情,可以说达到了聚会的最佳效果。

小贴士

大吃一顿之后心态一定要平和,不要因为一不小心吃多了而责怪自己,餐前餐后都是有方法补救的。比如,聚餐的前一餐少吃一点,当天额外运动1小时,或者聚餐的第二天多吃蔬菜,少吃蛋白质和主食。其实偶尔一顿大餐真的不影响减肥,但是要记住,如果天天吃大餐,体重真的甩不掉!

三大法则帮忙，顺利打破平台期

体重减到某个数值就减不下去了，这是很多减肥者都曾遇到的困难。这时候如果心灰意冷想要放弃并不明智，一不小心可能还会反弹，失去变瘦、变美的机会。实际上，很多人都对平台期有误解。因为平台期并不完全是坏事，而且你所经历的可能根本不是平台期；即便真的是平台期，也有很多方法可以尝试，帮你顺利打破平台期。

体重停滞就是平台期？那可不一定

对于减肥的人，体重秤上的数字不断下降是最让人欣喜的；相反，没有什么比这个数字岿然不动更让人沮丧。如果是天天称体重的人，连续一周体重停滞不降简直是灾难。但是，体重停滞就是平台期吗？那可不一定！

1.之前减重很好，饮食不变，增加了运动量，体重却不变

判断：不是平台期

原因：假象

减肥已经进行了一段时间，在饮食没变的基础上增加了运动量（特别是力量运动），体重却没有下降，这种情况其实不是平台期。体重没有下降的原因可能是脂肪的确减少了，但运动增加特别

180

是力量运动的增加，导致肌肉和水分（肌肉含水量很高）增加，增加的肌肉和水分抵消了减少的脂肪重量。

解决办法：坚持

无须担心，这种脂肪与肌肉抵消的情况不会一直持续，很快减重的速度会超过肌肉增加的速度，而且从长远上来说，这种变化对于防止减重后的反弹非常有益，坚持下去就是最好的解决方案。

2.运动计划懈怠、饮食控制放松，体重不变

判断：不是平台期

原因：松懈

之前的减肥计划很顺利，体重也下降了不少，但最近懈怠，天气不那么舒适，偷了点儿懒没怎么运动，嘴馋了还想吃点啥……这些自我放松之后产生的可怕副作用并不是平台期，而是体重反弹。而且，更糟糕的是，反弹的速度要比减肥的速度快多了。

解决办法：反思，继续上路。

反思一下自己的问题究竟出在哪里，运动还是饮食，抑或两者都有？从问题入手思考一下解决问题的办法是什么，该如何改善。减肥切忌走走停停，每一次启动都会比上一次付出更多的努力才能达到目标，而且防止反弹的困难会逐次增加。

3.减肥进行了一段时间，但体重始终没变

判断：不是平台期

原因：方案不对或执行偏差

体重始终没变，说明根本没有减掉体重，何来平台期？如果刚开始减肥，则需要耐心地等待一下。如果2周之后体重还没有下降说明目前的减肥方案可能不对，或者在执行过程中有偏差，没有按照要求完全执行，比如有没有可能在一日三餐中漏掉了多吃的食物，

没有记录下来，或者顺手拿着就吃了的食物，根本没意识到。

解决办法：继续学习

每一种减肥方法的执行力都很重要，习惯的养成和饮食方式的改变不是一朝一夕就能做到。从阅读这本书的第一天开始，请跟上每一章节的节奏，慢慢地养成各种易瘦习惯，才会遇到期待的自己。如果当个旁观者，最后浪费的只能是自己的时间。抱着"你说得都对，可我做不到"的态度去减肥永远无法成功！

4.同一个减肥方案，之前都减得很好，体重下降了不少，但忽然不下降了

判断：这才是平台期

减肥方案没变，运动和饮食都在继续，也没有乱吃东西，但是体重却不再下降了，这才是真的进入平台期了。

身体怎么了？平台期自我调节机制

人的身体跟机器一样需要能量来维持运转，同样也会出现磨损、报废，也就是衰老和死亡，如果出故障了也需要维修，比如去医院看病。当然，人体要比机器高级得多。比如，人体会自动升级，小孩子的成长发育就是系统自我更新的过程；有些小毛病也不用担心，人体自身免疫系统会自动免疫；保持运动、注重营养，还可以使体格变强壮、免疫力增加。人体除了自我更新和强化，还有更多变化出现，这些变化不是为了让身体变差，恰恰相反，这是对身体的保护。这种保护是为了保证人的健康状况尽量不出大问题。平台期也是一种适应性保护。那减肥期间的平台期到底发生了什么变化呢？

1.最主要的调节机制：基础代谢耗能降低

基础代谢是指维持人体维持生命的所有器官所需的最低耗能，是保证人存活最基本的能量需求。在持续减轻体重一段时间后，察觉到体重在不断降低的人体开始自动调节代谢机制，减少一些能量的消耗，比如体温的散热减少、心跳频率变慢（心脏每跳一下也是能量的损耗），呼吸频率提高，肺活量增加。

另外，由于体重下降了，已经减掉的体重不需要再耗能，相应的基础代谢也会减少一部分。

2.可能的调节机制：食物消化吸收率升高

我们日常所吃食物的营养和能量不会百分之百被吸收，有一个相对稳定的吸收率。在摄入量不变的情况下，假如吸收率提高，吸收的能量和营养素就会增加。举个典型的例子：有些孕妇会有这种感受，吃的跟以前差不多，但体重还是噌噌地长。这是怎么回事？由于孕激素的作用，孕妈妈的肠道蠕动变慢了，这是为了适应怀孕这个特殊时期人体所做的适应性变化。这种变化的好处就是可以增加食物在肠道里的停留时间，让食物营养可以吸收得更充分，营养素的吸收率也更高，副作用是很多孕妈妈因此出现便秘的困扰。

平台期，身体可能改变的机制之一是食物的消化吸收率升高。道理是一样的，体重一直下降，身体察觉到了，第一个反应是避免机体挨饿，摄入食物的吸收率提高，就会弥补一些食物摄入不足造成的能量缺口。

另外，食物中有一些无法被人体消化的成分，比如膳食纤维，也很有可能在进入大肠之后被细菌更充分地利用，额外增加一些能量。

3.可能的调节机制：运动耗能减少

刚开始运动的时候运动能力可能很差，走几步路都喘得厉害；运动一段时间后，运动得越来越轻松了，运动能力明显增强，这是身体逐渐适应了这种运动节奏。运动变轻松之后所消耗的能量会低于原来运动消耗的能量，比如快走半小时原来可消耗100千卡，适应后消耗不到100千卡。

综合上述变化，平台期的调节机制简单来说就是能量摄入变相增加，基础代谢和运动消耗变相减少，能量摄入跟能量消耗相互抵消，导致体重不降。

应对平台期的三大法则

身体做出了各种适应性的变化来保护机体，进入平台期，我们应对的核心就是——改变。

1.等待一段时间

出现平台期不一定是坏事，身体启动保护机制是一种本能，平静对待，等待一段时间，身体的适应性变化不会一直持续。在平台期等待的这个阶段只要注意保持前期的减重成果，同样是减肥的阶段性成功。这个阶段，可以不用特别严格地替换食物，想吃的东西可以尝一尝，给身体放个小假。注意这段时间要每天称重，时刻关注体重变化。这个阶段的目标是不反弹。

2.改变饮食方案，改变身体的适应性

改变食材选择

避免单一的食材选择，尽量多样化，比如主食习惯吃米饭，可换成馒头、玉米、红薯等；蔬菜品种很多，不要总盯着黄瓜、西红

柿，换成小油菜、西蓝花试试；之前不太喜欢吃鱼虾，也试着替换一下，诸如此类。

改变分餐顺序

假如之前早上吃鸡蛋，现在换到晚上吃；原来早餐使用过的食谱可以换到中餐，中餐换到晚餐，晚餐换到早餐，等等，调换一下分餐顺序。

改变膳食模式

可以尝试一下高蛋白膳食模式，或者"5＋2"轻断食模式，这两种饮食方法在"走出减肥误区"一节有详细介绍。

变换饮食方案没有固定的模板，也不能说到底哪种好用，只能亲自尝试之后选出适合自己的。而且，饮食本来就应该多样化，没吃过的食物尝尝也无妨。

3.改变运动方案，打破身体的适应性

加大运动量

原来每天走1万步，尝试增加到1.5万步；原来每周健身2次，尝试每周健身4次。增加运动量会弥补运动耗能减少造成的能量缺口，但注意要量力而行，避免运动损伤。

更改或增加运动项目

可以更换运动项目，比如以前每天坚持游泳，现在换成跑步；原来经常去健身房做无氧运动，现在改成在家里跳绳，类似这样的方法大家都可以去尝试。

增加运动项目也可以打破身体的适应性。比如，以前一直做有氧运动，现在可以增加一些增肌类的运动，新的运动形式做起来不是那么熟练，这些不熟练的动作就会增加新的耗能；如果之前做的都是增肌类的，那增加一些有氧类的运动，提高自己心肺功能的同时增加能量消耗。

无论是饮食方案还是运动方案的改变都是一个过程，不可能今天改变明天就见效，从改变开始，到实际上的体重下降需要时间，所以做好一些细节工作也很重要。

首先，记录自己的饮食。这项工作有点类似给婴儿添加辅食的过程，需要一点点尝试，比如第一周尝试改变食物选择，第二周尝试食物分配比例的变化，等等。每种尝试要坚持一段时间，并把这些改变的方案记录下来，然后用心感受是否产生变化，最后评估哪些改变对自己有效。不要嫌麻烦，因为平台期极有可能不止出现一次，了解哪种方法对自己有用，下次面临平台期会更从容。

其次，调整作息时间。除了饮食，作息时间也可以尝试着调整。如果以前习惯晚睡，现在可以尝试早点睡觉。不睡觉时消耗的能量有限，站1小时比坐1小时才多消耗了几千卡而已。早一点睡觉，早一点起床，也对健康有益。

最后，稳定情绪，学会减压。平台期最可怕的是对减肥者信心的打击，面对体重不变的压力，让减肥的人一次又一次感到失望，到最后可能是彻底绝望，感觉自己再也不可能瘦下来。有很多人减肥失败都是因为平台期受挫，所以调整心态很重要。能成功地减掉一些体重，说明有成功的经验，平台期只是暂停键，不是结束键，不能自暴自弃。

平台期相关问题解答

1.减肥会遭遇多个平台期吗？

会的，除非已经停止减肥。但多个平台期也没什么可怕的，只要顺利地度过第一个平台期，后面的平台期也能应付自如。

2.减肥一定会有平台期吗？

不一定。如果减重幅度比较小或者减重速度比较缓慢，可能不会遭遇平台期。换句话说，如果想避免出现平台期，应该放慢减重速度。

3.平台期大约需要经历多长时间？

不一定，因人而异，几天到数年都有可能，大部分是几周时间。因此，面对平台期，心态平和很重要。

4.如何避免平台期，或者让它晚一点儿到来？

遵循健康的减肥速度，每周0.5千克～1千克，避免跳崖式的体重下降。缓慢下降的好处就是身体不易察觉到体重的变化，每餐吃得七八分饱，减重速度不快，身体不容易启动保护反应机制。

不反弹——如何突破悠悠球似的减重历程

　　减肥的人最担心的莫过于体重反弹了。辛辛苦苦减肥，眼看胜利在望，稍微一放松警惕就可能反弹，有些人甚至都不知道自己是怎么胖回来的。更让人难过的是，减肥可能用了几个月，复胖却只需要几天。

　　美国NBC电视台有一档很火的真人秀节目——《超级减肥王》，30周内减掉体重最多的参赛选手可以获得高达25万美元的奖励。能减肥还能赚一大笔钱，这么好的事情当然吸引人眼球。果然，每一季参加栏目的胖子们都成绩斐然，第15季的冠军甚至减掉了59.6%的体重，也就是减掉了一半还要多的体重。但是，这对个人来说算是成功吗？有研究者对第8季的14名选手进行了长期跟踪研究，结果发现6年后其中13位选手的体重显著反弹，只有1人成功保住了减肥成果，有些选手反弹后甚至比以前还胖。最惨的是，体重涨回来了，掉下去的基础代谢却没有涨回来，很多人要比以前吃得更少才能保持不继续发胖。也就是说，假设胖回到原来的体重，但不能像原来吃得那么多，只能吃得更少来维持原来的体重。这真是太可怕了。

　　减掉一些体重并不难，但如何保持体重不反弹，维护减肥的成果，才是减肥真正要突破的难关。减肥不反弹要抓住以下几个关键点。

"慢慢加"的不反弹法则

有一句非常重要的话是这样说的："减肥之后，再也不能恢复到原来的饮食了。"

减掉的肉已经变成了空气中的二氧化碳和水，它们已经不再需要消耗能量了。很多人就是不明白这个道理而导致减肥失败。体重100斤的人怎么可能跟体重150斤的人吃的食物一样多呢？即使同一个人，不同的体重也要匹配不同的食物量。

减肥期饮食可以定量，这种"一刀切"的结果是每个人的减重速度不同，但这不是问题，真正的问题是减肥结束后无法判断饮食量究竟是多少合适，因为每个人身高、体重、体脂率、基础代谢都不同，个体差异很大。能量需求是极具个性化的事情，真的是千人千面，唯一的解决方法就是慢慢增加，通过不断尝试寻找适合自己的饮食量。当然，这是一个循序渐进的过程，不可能一步到位，需要在饮食量和体重之间寻找平衡点，最终寻找到适合自己的量。

下面教给大家一些具体的操作方法。

1.逐步加量，以周为单位增加食物量

以女性1200千卡为例，减肥结束之后，可以以周为单位增加食物量。

第一周：主食

中午可以增加一些主食，比如80克米饭，大概可以增加100千卡能量。先吃一周，周日早上继续称体重。

第二周：坚果

如果体重还是减少，本周增加10克坚果，10克坚果大概是60千卡能量。但是需要小心的是，10克坚果大概相当于两个核桃仁、一把瓜子、10粒巴旦木、15个开心果，这个量真的没多少，所以千万别吃多了。

第三周：主食或其他

如果体重还是减少，再增加一些主食，比如再额外增加80克米饭。

蔬菜和蛋白质食物跟普通人的需要量是接近的，所以不需要额外增加。水果、主食、烹调油则有一定的变化空间，只需要在这方面适当增减就可以。

当然，称体重之后也可能需要减少食物，这涉及下一个问题。

2.根据体重增减食物

增加或者减少食物量的标准是什么？是体重！体重的变化是反映饮食是否合理的最简单的指标，吃多了和吃少了的评价标准就是体重的增减。

体重继续下降，表明吃少了，需增加食物；

体重上升，吃胖了，需减少食物；

体重不变，表明吃得刚刚好。

这个过程同样像小孩添加辅食的过程，通过各种尝试和摸索找到真正适合自己的饮食量。这非常重要！在未来很长一段时间里，避免反弹的体重管理核心就是掌握应该吃多少，而不是想吃多少！为了健康的体重，要对食物的摄取有比较精准的把握。这听起来好像很麻烦，其实不然。刚开始需要刻意练习，但它很快就会变成一种习惯，当胃习惯了，想吃多也不太可能，这就是用习惯去影响体重。

大部分人减重结束后其实不需要刻意控制体重，体重基本会在一个固定的数值上下，不会涨得很厉害，也不会突然掉很多，这就是体重的记忆点。我们要做的是一直努力把体重保持在一个体重点上，比如60千克，然后把这个数字记忆一段时间，身体就会记录下来，这个时候就真的不容易胖了。

"慢慢减"的不反弹法则

慢慢减的核心是减肥的速度慢一点儿，把实现减肥目标的时间拉长，每周少减一些，这样不容易遭遇平台期，也不容易反弹。

增重和减重时身体行为是不对称的，比起增重，身体对体重下降会更抵触。有些关于这一现象的有趣假说：几千年来，人类在时常营养不足的环境中进化，自然界优胜劣汰的进化机制倾向于选择更容易将额外能量储存为脂肪的基因，这样的基因更容易活下来并得以保存。当减肥期间饿得很厉害时，身体就会启动自我保护机制，不顾一切地减少能量消耗，最直接的代价就是基础代谢降低。所以，不让身体察觉到饥饿是非常重要的，或者说偷偷地减，不要让身体发现。

每周减重0.5千克～1千克的速度适用于大多数人，而且这实际上并不算慢，减掉10千克也不过是4～5个月的时间。回到我们第一章的话题，设定一个合理的减重速度是减肥最重要的一步。

刻意练习——养成易瘦好习惯

很多减重方法都可以帮助人们减掉一部分体重，但大部分的减重方法都无法阻止反弹。这并不是因为意志力不够，恰恰相反，很多胖的人拥有惊人的意志力。那为什么减肥还会失败呢？因为意志力是有限的，如果一直在消耗意志力，自然有消耗殆尽的一天，一旦意志力消耗光了，报复性的暴饮暴食就不可避免了。

真正不反弹的关键是那些容易瘦的饮食习惯是否已经变成你生活中的一部分，或者说你是否已经养成那些易瘦的习惯。说到底，减肥成功就是要改变以往的饮食习惯，更趋向于健康的生活方式。如果好的习惯养成了，减肥反而是顺理成章的事情！

现在有一种说法——养成一个新的习惯需要21天。实践证明，21天的确可以养成许多健康的饮食习惯。但有些习惯的养成困难较大，一个21天的周期远远不够。不过不要紧，复杂一些的习惯可以持续几个21天的周期。只要反复练习，这些习惯慢慢就会融入生活，变成和洗脸、刷牙一样的生活日常。

以下是养成易瘦体质最重要的11个习惯：

- 养成定时、定量吃饭的习惯。
- 养成买东西看食品标签的习惯。
- 养成每天走1万步或者同等运动量的习惯。
- 养成每天足量（每天2000毫升）喝水的习惯。
- 养成不"打扫"剩菜、剩饭的习惯。
- 养成每天吃粗粮的习惯。
- 养成先吃蔬菜，餐餐吃很多蔬菜的习惯。
- 养成定期整理冰箱的习惯。
- 养成早睡早起的习惯。
- 养成每周称体重的习惯。
- 养成吃饭慢一点儿的习惯。

以上这些习惯中，定量吃饭和每天运动的习惯最重要，需要着重练习；最容易养成的习惯是就餐时先吃蔬菜和买东西看配料表；最难养成的习惯是吃饭慢一点儿、每天喝水2000毫升。不过，不管养成了哪一个习惯，都非常棒，都离减肥成功更近一步！

发现反弹苗头，立即行动

当减重结束后不再是每周称一次体重，而是每天都要称体重，进行自我监督，这样才能及时察觉体重变化。相邻两天的体重如果有100克左右的变化是很正常的，但如果发现体重连续3天上涨，且超过300克就应该有所行动了，而不是等到体重涨了1千克～2千克再想办法，那时已经太迟了，说明体重已经反弹了，可能要重新启动减肥程序才行。所以，及时发现反弹的苗头先发制人非常重要。

1.膳食回顾，看看哪里吃错了

一旦发现体重反弹，首先回顾自己最近几天的饮食情况，可以进行1～3天的膳食回顾，特别要总结以下几个问题。

● 最近几天有没有吃喜宴，参加同学聚会、朋友聚餐？

● 近几日的一日三餐都吃了什么，具体的量是多少？

● 最近是不是吃得有点咸？

● 经期快到了吗？

● 最近有没有吃坚果、饼干、汉堡等发胖的食物？

● 烹调方法上面是不是最近用油量有点大？饮食中有过油的食物吗？

● 食物量上有没有把控？水果是不是吃多了？

找到饮食中存在的问题之后对症下药，对于引起自己发胖的因素要及时制止，避免继续影响体重。

2.饮食调整，减少进食量

体重上涨之后要采取一些措施，如调整饮食，抓紧把涨上来的体重减下去，防微杜渐才能管理好体重。发现体重上涨之后的第二天要少摄入一些能量，可以多吃一些蔬菜，蛋白质摄入不变，减少主食的量，比如减少1/3的主食。

3.运动调整，增加运动量

可以按照之前的运动方案加大运动量，或者多做一些家务，按照"养成定量运动习惯"一节100千卡运动量替换方法，想方设法增加能量消耗。

学会能量平衡法则，科学看待体重管理

根据牛顿的能量守恒定律，能量不能凭空产生，也不能凭空消失，它只能从一种形式转化成另一种形式。多余的能量会储存为脂肪，有能量亏空的话也会消耗脂肪。

最基本的原理：

● 能量摄入＞能量消耗，胖了。

● 能量摄入＜能量消耗，瘦了。

● 能量摄入＝能量消耗，体重不变。

减肥的基本原理就是造成能量缺口，能量摄入＜能量消耗；不反弹的基本原理就是保持能量摄入＝能量消耗。从这个公式延伸出另一个道理：假如能量摄入增加，能量消耗也能同时增加，并且幅度相同，则依然可以保证能量的负平衡。例如，某天想吃五花肉，当天少吃一点其他的食物就行，比如减少主食；某一顿饭吃多了，与其自责后悔，不如多运动一下，或者干点儿家务，增加消耗，把多摄入的能量消耗出去；也可以第二天少吃一点儿，增大第二天能量摄入的缺口。通过这样的调节，很容易保护减肥成果，不需要为体重的波动过于紧张焦虑。具备了这种能力，就掌握了管理体重的秘诀。

194

其他注意事项

1.保持心情愉快

愉快的心情更利于减肥，"压力肥"这个词的确有一定道理。减肥也要保持心情愉快，如果一种减肥方法让人觉得度日如年，痛苦不堪，这多半是不健康、不科学的减肥方法，应该及早放弃。

2.一些注定反弹的减肥方法不要尝试

一些极端的减肥方法虽然也能够快速减掉体重，比如单一食物的减肥方法、不适口减肥方法等，它们刚开始可能会让人欣喜若狂，但是后面必然会带来更多的麻烦，比如快速地反弹。因此，建议大家不要尝试这些减肥方法。

3.了解更多的营养知识

减肥要先健脑，了解更多的营养知识，才能在面对很多快速减肥方法的诱惑时保持清醒的头脑，不做伤害自己身体的事情。

生理期——减肥遇上生理期，怎么办？

网络上有个流传很广的说法——生理期是减肥的黄金期，怎么吃都不胖。不少人心动了，纷纷寻找生理期减肥的最佳方案。可尴尬的是，能找到的都是网络上各种不靠谱的传言。目前还没有医学研究表明生理期能促进减肥，可见生理期减肥不过是又一个未经证实的传说。

生理期身体的各种变化

1.食欲的变化

有些女性在生理期特别想吃甜食，或者抑制不住地想吃东西，当听说生理期怎么吃都不胖时便开始狂吃，结果生生吃胖了！女性在生理期激素急剧变化，除了情绪波动很大，食欲也跟着发生变化，这些都是正常的。有研究表明，甜食的确可以让大脑增加脑啡肽，这会让人感到心情愉悦。简单地说，就是吃甜食让人感到快乐。但幸福感转瞬即逝，减肥者很快就会陷入"又吃多了"的沮丧当中。

饿是正常现象，定量是解决办法

生理期的食欲变化很正常，但并不是身体里缺了什么，也并不只有减肥期间才会出现这种现象，很多正常人也会有同感。所以，养成定量的习惯非常重要，达到自己进食量之后即使有点儿饿也不必补充食物，饿一会儿就过去了。这种情况不会持续很久，一般两三天就结束。需要注意的是，经期没有食物量上的变化，各类食物该吃多少还是多少，不要增加，更不要减少。

吃多不必沮丧，掌握能量平衡法则

减肥绝对不是跟意志力对抗，而是应掌握更多的科学减重知识，见招拆招才能成为减重高手。一旦吃多了，正确的做法是遵循能量平衡法则，通过更多的能量消耗保持出入平衡。

2.体重的变化

有些人什么都没做，生理期的体重竟然上涨了！这是为什么呢？

女性在经期前后激素变化大致的规律是，经期前雌激素水平急剧下降，在经期达到最低水平，之后缓慢升高；与此同时，经期前孕激素水平逐渐升高，到达经期开始逐步下降。激素的这些变化也给女性的身体带来一些变化，比如女性在经期前乳房会增大，子宫内膜增厚，身体里的水分也会增加，就是我们说的水潴留。这些变化导致很多女性在经期前体重上涨，这时候的胖是"虚胖"，也就是体重的虚假上升，和体重反弹没有任何关系。月经结束后，水分和经血排出、子宫内膜脱落，体重就会回落，这个时候的体重才是真正的体重。

生理期的确有一些额外的能量消耗，但并没有想象中那么乐观。不过，如果生理期能控制好食欲，没有额外增加能量摄入，再配合合理运动，经期结束的时候还是会有点儿意外惊喜。给大家一点建议，经期不要称体重，保持愉悦的心情，愉快用餐，在经期结束之后再正确称体重。

减肥可能会遇到的月经变化

生理期毕竟只有几天，随着经期的结束，食欲、体重很快会恢复正常，不用刻意关注。但月经规律如果发生变化应引起重视，因为它对身体的影响可不是几天。月经规律发生改变很可能跟减重方案有很大关系，有些情况要及时调整饮食和运动方案。

减肥期间月经出现的状况主要有四种：

1.月经量减少

女性每次生理期的月经总量通常为20毫升～60毫升，这里所说的月经量减少是指比以前的量减少。

2.经期推迟

规律的月经对于成年育龄女性非常重要。女性月经周期在21～35天都算正常，所谓规律是指每个月经周期的时间长度是一样的，例如，一位女性的月经周期是21天，3月1日来月经，3月22日再来一次月经，这是正常的月经周期。这里所说的推迟主要指的是跟以前的周期相比有明显的变化，以前月经很准，结果现在延后，周期一直在推迟。还是以刚才提到的那位女性为例，原来她的月经周期是21天，现在达到25天了，或者更长，但属于有规律的周期变长。

3.月经紊乱

以前月经周期很规律，现在不规律了，这次时间推迟，下次时间可能提前。当然，如果以前一贯如此就另当别论，跟减肥应该没什么关系。

4.闭经

闭经是比较严重的情况。刚开始出现的月经推迟并不叫闭经，已经错过3个月经周期才叫作闭经。通常闭经之前会先经历周期紊乱。

减肥之后出现月经量不正常的原因其实并不复杂，不是饮食出了问题就是运动过量。运动过量导致的月经量不正常在日常减肥的人群中出现的概率比较低，毕竟我们很少达到专业运动员的运动量，所以饮食出问题的概率比较大。过度节食、饮食搭配不合理、体重下降过快都可能导致月经出现问题。

出逃的"大姨妈"

女性每一次月经的出血量通常为20毫升～60毫升，其主要成分为血液和子宫内膜组织碎片等，这些成分中除了水，最主要的就是蛋白质，也就是说每个女性在生理期都有一部分蛋白质损失。由于减肥过程可能伴随一定程度的蛋白质损耗，所以吃好蛋白质对于生理期女性格外重要。九宫格配餐法要求每一餐都有主食和蛋白质食物，如果没有做到，或者为了加快减肥速度，盲目地减少食物摄入量、加大运动量，但没有适量地增加食物补充，就可能出现蛋白质摄入不足的情况。

女性生来肩负着生儿育女的重任，当身体察觉到正在挨饿，第一个本能反应就是减少或者关闭月经，这样做一方面可以减少蛋白质损耗；另一方面，为了传递更优良的基因，尽量避免在营养"匮乏"期间意外怀孕，这更符合优胜劣汰的自然法则。所以，太过严苛的减肥饮食必然造成"大姨妈"的出逃。

当然，这种情况并不是每一位女性都会出现，身体素质较好的女性就不容易出现这种情况。比如，很多欧美国家的饮食结构中优质蛋白质很丰富，女性普遍身体比较结实，肌肉量高于亚洲女性，在减肥期间出现经期问题的就比较少。所以，是否出现上述状况跟个人体质也有一定关系，身体素质较差的女性要格外小心。

需要注意的是，即使出现了经期紊乱的情况也不是停止减肥的理由。有很多人在出了状况之后被周围的人批评教育，被认为"气血不足"、瞎折腾、身体一定是坏掉了等。这些都是不对的，这不应该成为继续胖下去的理由。月经出现的状况一般都不会有太大的问题，我们只要正确地分析问题，及时调整减肥方案就好了！

- 如果只是出现了月经量少，可以不用理会。
- 如果出现了月经推迟、周期加长，可以暂时不用理会，观察一下。
- 如果月经周期紊乱持续三个周期就要注意调整减肥计划，调节饮食和运动方案，不能继续置之不理。
- 如果闭经3个月，那差不多就是6个月没有来月经了，需要及时看医生。

生理期减重，如何"慧吃慧动"

"慧吃慧动，健康体重"是2018年中国营养学会"全民营养周"的口号。体重管理要通过吃和动来解决，智慧地解决这两个难题是关键。

1.经期饮食方案
足量优质蛋白质摄入是关键

按照九宫格配餐法，足量摄入蛋白质类食物。比如，一个普通成年女性，每天要吃够50克鸡蛋（1个）、50克瘦肉、50克鱼或者100克虾仁、50克豆腐干、250克脱脂牛奶。肉类最好每天都有，不要轻易替换。运动量很大，特别是进行强度较大的力量训练时，可以增加蛋白质的摄入，比如每天增加50克~100克的鱼虾类、鸡胸肉，或者增加两个蛋白，诸如此类。

吃好主食也很重要

主食摄入不足的时候，能量亏空数额较大，一部分原本用于身体组织合成的蛋白质会被调动进行供能，这样的结果是吃进去的蛋白质虽然不少，但是由于总能量摄入太低，蛋白质"误入歧途"，造成一部分蛋白质浪费。从这个意义上也可以理解为吃主食其实是在保护人体对蛋白质的合成利用。

必要时要补充蛋白质粉

每餐都要有蛋白质食物，如果某一餐缺乏蛋白质摄入，或者有些食物不爱吃，又或者没有胃口吃不下，这些情况意味着有可能导致蛋白质供应不足。建议购买蛋白质粉，以备不时之需。一份蛋白质（比如50克鸡蛋/50克三文鱼/50克豆腐干/50克瘦猪肉/250克脱脂奶）大概含蛋白质6克～10克，可以按照这个量和蛋白质粉的说明书进行替换。

2.经期运动方案

接下来我们来说说经期的运动方案。

力量运动换有氧运动

月经正常的女性可以做适量的有氧运动，比如走路、慢跑等，或者在手机上下载健身类的App，在里面选择适合生理期的运动，如生理期瑜伽等。经期应避免做剧烈的、强度大的运动，或震动大的跑跳动作，如快跑、跨跃、腾跃、跳高、跳远等，以及使腹腔内压明显增高的屏气和静力性动作，如推铅球、收腹、拱桥、倒立、俯卧撑等。

降低运动强度，加长运动时间

比如原来做1小时的运动，可以分成几次来完成，长时间的连续运动换成短时间的多次运动。这样每次的运动量都不会太大，达到消耗能量的目的就行。

个别情况需要停止运动

月经紊乱，或者月经量特别大，在月经期间应暂停运动，可以将运动换成其他体力活动，比如扫地、拖地、洗碗、收拾屋子等家务劳动，使家里更整洁的同时，又可以消耗能量，也能让心情更愉悦。

经期的饮食误区

民间有很多调理月经的食补方子，尤其以各种红色食物为甚。这些食补偏方到底有没有用？

1.痛经要不要喝红糖水？

很多人问我经期可不可以喝红糖水？既然大家都知道喝糖水不太好，为什么还纠结能不能喝呢？主要是因为痛经实在是太难受了，而且发生率很高。在日本一项调查中显示，初中女生中度和重度的痛经发生率高达46.8%。同时，日本有研究表明，姜对于女性痛经可能有效，经期服用暖暖的姜汤可能有用。但有效的仅仅是姜，不是红糖姜水，更不是红糖水，红糖更多的只是充当了安慰剂。如果喝热的红糖水有效，那么喝热水的效果也是一样的。在这里想要说明一下，即便是对于不减肥的普通人，糖的摄入也是需要控制的。

2.吃大枣补血吗？

经期有经血的损失，其中最重要的是铁元素的损失。大枣含有不少铁元素，是否就可以补血呢？答案是不可以。大枣中铁的吸收率实在是太低了，而且干大枣的能量太高，吃一口干大枣相当于吃两口米饭，补血没什么效果，体重却很容易补上来。至于究竟什么食物补血效果最好，在下一节会有详细介绍。

减肥如何对抗皮肤松弛

　　如果让每一个减肥者描述一下自己所期待的减肥成功的样子，我相信大家的描述一定是身材苗条、皮肤紧致、精神饱满！但是，减肥过程中一旦出了偏差，皮肤松弛、面色暗淡这些我们最不想见到的情况就会出现。造成上述"面子问题"的主要原因是贫血，以及脂肪、蛋白质流失等。在减肥的过程中注意一些小细节，就可以在减掉脂肪的同时留住颜值。

好气色需要正确"补血"

　　先来讲讲补血的问题。

　　人活着就是要呼吸，而呼吸主要是为了获得氧气。氧气是在血液中运输的，氧气运输的关键是血液红细胞里的血红蛋白中的一个小小营养素——铁。通常，贫血主要是由于缺铁引起的，其他原因造成的贫血相对来说比较少见，所以我们经常说补血，实际上要补的是铁。

　　贫血没有特别严重的症状，一般的症状是疲乏无力、心慌气短、头晕、容易疲劳、抗寒能力下降、皮肤干燥、毛发枯黄，还会出现皮肤松弛、黯淡无光等问题。听起来症状还不是那么严重，但长期贫血会造成免疫功能下降、抗感染能力下降等一系列问题，那就严重了。

那么，要如何补血呢？这是一道综合题，要多管齐下。

1.最好的来源：食物"铁三角"

首先，要补血，就要吃好"铁三角"——瘦肉、动物肝脏、动物血液。

这三类食物不仅含铁量高，铁的吸收率也高，而且可以帮助其他食物提高铁的吸收率，是补铁的最好食物来源。红色的肉类含铁就比较高，我们通常说的红肉，比如瘦猪肉、牛肉、羊肉含铁都很丰富；新鲜的肝脏呈暗红的颜色，在肝脏的结构中有一个血窦的结构，里面含有丰富的血液，含铁也很丰富；动物血液，很多人爱吃的如猪血、鸭血等也富含铁。虽然是"铁三角"，但考虑到现在的食品安全问题，建议还是吃瘦肉更保险一些。每天至少应该保证摄入50克的瘦肉。

2.较好的来源：鱼虾、禽类

补血还要吃好鱼虾和禽类，也就是我们通常说的白肉。白肉跟"铁三角"比起来稍微逊色一些，但也是比较好的补血食物来源。鱼虾和禽肉的优势不在于补铁，而在于所含的蛋白质和优质脂肪酸。均衡营养建议食物要多样化，一类食物再好也不可能代替其他的食物，所以尽量不要互相替换，比如用"铁三角"替换白肉。

3.多吃新鲜蔬果

贫血也要多吃新鲜蔬果。蔬果的铁吸收率虽然很低，但也不是毫无意义，而且要注意多选择小白菜、菜心、彩椒、辣椒、橘子、猕猴桃等蔬果，它们的共同特点是维生素C含量比较高，维生素C可以提高蔬菜和水果里铁的吸收率，这一点对于素食人群特别重要。另外，维生素C还有一个很特别的作用，它有利于胶原蛋白的合成，对于皮肤保持年轻和饱满的状态非常重要。这也是很多口服的美容产品中加入维生素C的原因。还要提醒大家一下，吃进去的维生素C才有用，那些面膜和美容护肤品里的维生素C不过是营销活动的噱头而已。

素食者更要小心贫血

因为素食者不吃肉类，获得铁的来源就比较单一了，只能靠蔬果和粮食，那就要注意尽量选择含铁比较丰富的食物。同时，蔬果和各种粮食中的铁吸收率都比较差，维生素C可以提高这些食材中铁的吸收率，所以建议选择一些富含维生素C的蔬菜和水果。

另外，茶和咖啡当中的单宁成分，粗粮当中的植酸，以及菠菜、竹笋、苋菜等蔬菜中的草酸都会阻碍铁的吸收，过多的膳食纤维也会影响铁的吸收。因此，素食者最好不要在进餐的前后喝浓茶，摄入的蔬菜、水果、粗粮也应该适量，而不是越多越好。附上富含铁、维生素C的蔬菜、水果供大家日常选用。

部分富含铁的蔬果（毫克/100克可食部）

食物名称	含量	食物名称	含量	食物名称	含量
红豆	7.4	刀豆	4.6	草莓	1.8
乌塌菜	1.6	木耳（水发）	5.5	芦柑	1.3
油菜（黑）	5.9	水芹菜	6.9	牛油果	1.0
菠菜	2.9	口蘑	19.4	枣（鲜）	1.2
苜蓿	9.7	蒜薹	4.2	枇杷	1.1

部分富含维生素C的蔬果（毫克/100克可食部）

食物名称	含量	食物名称	含量	食物名称	含量
苦瓜	56	辣椒（青，尖）	59	甜椒	130
苜蓿	102	苋菜（绿）	47	西蓝花	56
芦笋	45	圆白菜	40	芥蓝	37
枣（鲜）	243	草莓	47	芦柑	19
沙棘	204	猕猴桃	62	番石榴	68

菠菜不是大力丸

小时候我们看过一部动画片——《大力水手》，男主角每次吃了菠菜都会力大无穷。一提到补血，十个人里面至少有一半人会想到菠菜，这其实是一个美丽而又严重的错误。错误源自1870年，德国一位叫Wolf的科学家测算出菠菜含铁量极高，断言其价值可以与红肉相当，这在当时是非常轰动的重大发现。60多年之后，1937年，一位科学家重新测算，才发现原来菠菜含铁的数据是错的，科学家Wolf在计算的时候犯了一个低级错误，小数点向右点错了一位，造成菠菜的含铁量一下子在众多蔬菜中脱颖而出。但是，纠错的声音远没有当时轰动效应造成的影响大，因此至今还有很多人坚信菠菜是补血食物中的佼佼者。

实际上，在表格的数据中我们可以看到，菠菜跟其他蔬菜并没什么差别。这个错误虽然已经被纠正了，但是先入为主的思想一直影响着人们的判断。

小心进入"补血"的误区

1.牛奶、鸡蛋不是补铁佳品

红肉、肝脏、鱼禽肉都是适合补铁的食材，但并不是所有动物性食物都是补铁最好的食物来源，鸡蛋和牛奶就是例外。鸡蛋含铁量虽然并不低，但很难被人体吸收。另外，铁元素很难通过乳腺，所以牛奶是传统的贫铁食物，无论是人类的母乳还是其他哺乳动物的乳汁当中铁的含量都是很低的。在动物实验中，建立贫血的膳食模型就是给小白鼠单纯喂食牛奶，就可以造成小白鼠的贫血。

还要和大家强调的是，大枣、菠菜、阿胶均不补铁。民间传言这些食物补铁并不稀奇，因为过去的物质条件没有这么丰富，大家只是靠经验总结出这些补铁的食物，其实并没有太多的科学依据。但现在我们已经有更多、更优质的食材可以选择，因此要科学地看待"补血"这件事情了。

2.铁补充剂不能随便吃

如果已经出现明显的缺铁症状，一定要去医院检查确诊，简单的血常规就可以查出是否贫血。如果贫血，应在医生的指导下服用铁补充剂。但铁剂中铁的剂量很大，不能随便自行服用，即便是医生指导服用铁剂，也要每隔一段时间去医院随诊，根据身体状况调整药量或者停药。

3.不要盲目补铁

千万不要盲目补铁，铁过量跟铁缺乏一样有害健康。铁过量会引起肝硬化、肝腹水等肝脏损伤。一般来说，从食物中摄取铁不会出现过量，保健品里的复合维生素矿物质补充剂里的铁含量通常也不高，不用太过担心，可以按照说明书正常服用。

补血也要选择合适的烹调方法

补铁除了要选择合适的食材，还需要注意合适的烹调方法。

1.多做肉馅

将肉类做成肉馅食用不但好消化，还可以增加铁的吸收率。

2.不要过度清洗

有些人在清洗猪肝的时候喜欢切片之后反复清洗、浸泡，直到洗得猪肝颜色发浅，没有腥味。这样处理之后血窦里的血液也都洗掉了，血液和铁也就跟着流失了。所以猪肝不宜过度清洗。

3.多蒸、炒，少煮

猪肝在煮的过程中会导致血液大量流失，铁的含量也会跟着下降，而蒸、炒的烹调方式可以减少血液流失。

4.全麦面粉宜发酵

全麦粉的铁含量不少，但是吸收率不高，主要是因为全麦粉中所含的植酸成分会影响铁的吸收。在酵母的作用下全麦粉发酵后，其中影响铁吸收的植酸成分会被破坏，这样就增加了铁的吸收率。

5.可以放加铁酱油

加铁酱油的基本成分与普通酱油相同，与普通酱油不同的是，加铁酱油中添加了"依地铁"，它的吸收利用率很高，改善缺铁效果很明显。不缺铁或不贫血的人食用加铁酱油也安全无害，不用担心补铁过量，强烈推荐在烹调的时候使用。

运动真正"抗衰老"

我有一个学员，身高170厘米，她从90千克一路减到65千克，减掉了25千克体重的她并没有出现很多大基数减肥者减肥之后会产生的橘皮纹，而且减得很匀称，成功逆袭成了一个美女。能达到这样好的结果，一方面她减重的速度适中，减掉这么多体重，她一共用了一年的时间；另一方面，从减肥开始就坚持运动起了很大的作用。直到现在她依然经常跑步，也做一些力量练习，还几乎每个周末都跟一群驴友去爬山。减重让她的生活发生了很大的变化。

我们的皮肤跟骨骼之间的主要物质是肌肉、脂肪和一些胶原蛋白，皮肤下层紧挨着的就是脂肪，在减肥之后脂肪大量丢失，皮肤却只能慢慢收紧，所以减重速度很快的人都难以避免地出现了皮肤松弛的问题。如果我们能够增加肌肉的维度，使肌纤维增多，变厚实，脂肪减少之后的空缺能够被肌肉支撑起来，皮肤就依然可以饱满有弹性，甚至由于肌肉的线条饱满，皮肤会看起来更加光滑。来自美国巴尔的摩的一位81岁的健身奶奶，拥有马甲线和苹果肌，真是很让人惊叹，而她56岁才开始健身。所以，现在行动，绝对不晚。

另外，如果想面色红润更要运动。面部有丰富的毛细血管，经常不运动的人，血液抵达末梢毛细血管的功能会变差，而喜欢运动的人运动后除了酣畅淋漓地出了一身汗，面部的毛细血管供血也充分，面色自然非常漂亮。

关于如何运动，在前面已经介绍过了，这里就不再赘述。从现在开始，动起来吧！

美丽也要"睡出来"，好睡眠的5个方法

睡眠是最好的美容方法，拥有充足的、高质量的睡眠比用什么

高档化妆品都管用。但是现在生活的忙碌让很多人无法做到早睡，有些人甚至还会失眠。下面给大家提供几个有利于提高睡眠质量的建议。

1.跟手机"分居"

睡前老想刷个朋友圈？黑暗下的蓝屏不仅损伤视力，同时会使大脑细胞兴奋，很长一段时间内难以入睡。最好的方法是把手机放在较远的地方，让自己睡前进入放松的状态。

2.房间不放夜灯

有很多人习惯在房间放置夜灯。夜灯，是一种晚上睡眠时为了便于起床，或者在昏暗环境下所使用的灯。人们使用它通常是为了安全。但是，在夜晚即便一点点的光线都可能会对大脑产生影响，特别是对光线很敏感的人群。为了保证睡眠质量，建议不使用夜灯。

3.降低体温

人体有调节体温的功能，体温影响着人体的睡眠周期。当休息的时候，人体的核心温度会下降，帮助人进入睡眠状态，如果这时外界温度过高，则会影响睡眠。所以，如果天气热又不能开空调的情况下，洗个热水澡，让自己的核心温度降下来有利于入睡。

4.晚上尽量不要运动

降低核心温度有利于睡眠，也就是要让自己的身体温度低一些。运动之后的4小时左右，即便洗了澡身体也仍然会保持较高的温度，这样是不利于睡眠的。因此，合理的运动时间应该是早上和下午4点左右。

5.睡前喝牛奶

有一项发表于欧洲某杂志的研究，研究者发现在深睡眠阶段（REM）体内的钙水平会升高。研究者总结说，钙的缺乏可能会导致深度睡眠的不足或缺失。在血钙水平恢复正常之后，睡眠也会恢复正常状态。牛奶当中钙含量很丰富，是补钙的首选推荐食物，所以可以在晚上睡觉前喝一杯脱脂牛奶。但是要注意，如果这个方法会导致半夜起来上厕所的话就不要尝试了。

其他皮肤问题的处理方法

除了面色暗淡、皮肤松弛，减肥的时候也有可能遇到其他皮肤问题，那要怎么处理呢？

1.皮肤发黄

我有一个学员曾向我咨询，说最近脸色变黄，手黄、脚黄，不知道什么原因。我询问过她的饮食情况才知道，她那段时间每天都吃很多烤南瓜，因为南瓜能量低又好吃，不用担心发胖，所以用南瓜做零食吃。这就是我们经常说的过犹不及。南瓜的β-胡萝卜素含量非常高，人体吸收不了的β-胡萝卜素会储存在皮下脂肪，因此呈现出面黄、手黄、脚黄的情况。这种情况是一种无害"黄染"，没有太大危害，不用担心，只要停止吃南瓜很快可以恢复。同样地，南瓜、胡萝卜、橙子这些含β-胡萝卜素比较多的食物都不宜多吃。更重要的是，从食物均衡的角度来说，不要盯住某一种食物不放。

2.冒痘痘

频繁地冒痘痘怎么办？如果以前没有这种情况，而是近期出现的，要考虑食谱跟之前有什么变化，比如从前不喝奶，减肥之后开始每天喝奶，那么换成酸奶试试看。牛奶中含有一种活性蛋白多肽物质，它会诱发痤疮，所以长痘痘的人要格外小心牛奶。但发酵可以减少牛奶当中的这种物质，像无糖酸奶就不会促进长痘，也没有多余的能量添加，所以对有痘痘烦恼的人，建议喝无糖酸奶。如果痘痘冒得很厉害，建议去医院内分泌科检查一下。

3.皮肤变黑

脂肪是我们肉眼可见的白色，肌肉则是偏红色。皮肤真皮层以下就是脂肪，减肥之后脂肪厚度减少，肉眼看上去肤色就变暗了。不过，换个角度思考，健康的麦子色是未来的趋势，只要结合适量的运动，拥有苗条的身材，呈现出来也是一种健康美。

4.橘皮组织

减肥成功的人因为皮下脂肪减少，橘皮组织就会很明显。而且，不论我们是否愿意，橘皮组织更青睐女性，这是因为男性和女性的皮下脂肪构造不同，女性的皮下脂肪结缔组织呈单一的垂直状态，一旦脂肪储存过多就很容易像被扎紧的席梦思弹簧床垫，露出一个个小格子（橘皮样）；而男性的皮下脂肪不仅有垂直状，还有对角形式的纤维网，这使得微胖的男性身材看上去也并不那么臃肿。了解了这个基本原理，就应该懂得不管药物还是昂贵的医疗美容对去橘皮纹都收效甚微，因此不要盲目采取措施。

不便秘——解决便秘的"三板斧"

减肥期间很多人会遇到这样的难题——便秘。关于便秘有两种情况，第一种是原本就有便秘的烦恼，但是在减肥期间按照配餐方法吃，改变了饮食习惯，便秘的问题得到了改善；第二种情况恰恰相反，原本没有这方面的困扰，但是因为减肥期间食物量的减少，造成排便次数减少，出现了便秘的情况。这两种情况在减肥的人群中都很常见。针对第二种情况，因为减肥出现的便秘，可以通过一些方法得到缓解。

顺利地排便需要足够的便便体积＋胃肠道动力。便便的主要构成成分有三个：水、食物残渣（包含膳食纤维）、细菌，所以我们可以很清楚地得到一个结论：便秘的主要原因是缺水、便便的体积不够、肠道菌群出了问题，以及肠道动力不足。相应地，我们就可以得到解决方法，分别是多喝水、增加膳食纤维、增加有益菌、适当运动。

第一招：每天3000毫升水，改善内循环

每天进入肠道的水分非常多，身体消化系统分泌的各种液体都会进入肠道，如唾液、胃液、小肠液等，这些成分加在一起多达几千克。另外，食物也含有水分，在摄入食物的同时我们也相当于摄

取了一定水分，同时我们每天还会额外喝很多水。假如单纯地将这些数量相加，那将是一个惊人的数字。

如果我们摄入的水只是穿肠而过，估计我们一天都要蹲在厕所里了。好在有大肠帮助我们。大肠有一个非常重要的功能——回收水，各种水分进入大肠后会被重新吸收进血液，这样一部分水分还可以循环利用。

当出现饮水不足，身体会处于缺水状态，大肠会加速吸收肠道内的水分以保证体内的水平衡，这时大便会变得干燥，排出困难。大便在肠道里停留的时间越长就会越干燥，排便就更加困难，让排便形成一个恶性循环。所以，解决便秘的第一个方法就是多喝水，避免身体处于缺水状态。

减肥期间如果便秘，每天要喝3000毫升的水。至于如何才能多喝水，喝什么水，请回顾"喝对水，也能帮助减肥"一节的内容。

有很多治疗便秘的药物实际上利用了反向原理，比如果导片、乳果糖等药物能帮助缓解便秘，它们的主要作用原理就是改变肠道渗透压，导致血液中的水分反渗透到肠道里，简单地说就是把肠道吸收的水倒逼回来，导致一定程度的腹泻，借此解决便秘的问题。但这毕竟不是长久之计，而且有健康风险，因此不推荐使用。

第二招：多吃粗粮、蔬菜，增加肠道动力

大便的成分除了水之外，食物残渣占很大比重。食物残渣来自哪里？鱼、肉、蛋、奶和豆制品这些高蛋白的食物几乎没有，它们差不多百分之百被人体吸收，如果每天吃的都是高蛋白食物，那一周不排便都有可能。

食物残渣大部分的成分是膳食纤维，如粗粮、蔬菜、水果里那些不能被人体消化的各类膳食纤维，它们构成了食物残渣的主体。当然，膳食纤维的作用远不止如此。大肠类似"回字形"结构，主要由盲肠、升结肠、横结肠、降结肠、乙状结肠和直肠构成，结肠需要一定的动力，推动大便向前移动，升结肠的运动是自下而上的，很显然，需要动力才能把食物残渣自下而上地运到横结肠。这个恐怕不是躺下或者倒立就能解决的问题，只有肠道动力十足，这个步骤才能顺利进行。膳食纤维可以增加肠道的动力，促进肠蠕动。

同样是主食，精米、精面几乎没有什么膳食纤维，我们看看以下数据，再进行简单对比，就很容易得出结论。

食物名称	每100克膳食纤维含量（克）
全麦仁	10.7
精面粉	2.7
白扁豆	13.4
大米	0.6
糙米	3.4

白扁豆的膳食纤维含量比较高，100克白扁豆大概含13.4克膳食纤维。膳食纤维的推荐量是25克/天，100克白扁豆已经超过一半的膳食纤维推荐量。白扁豆比较适合用来做粥，但它的皮比较厚，需要提前浸泡。除了白扁豆，红豆、绿豆、燕麦等粗粮的膳食纤维含量也比较高。

我有一个学员，她虽然每天吃的蔬菜量也不少，但还是便秘。在对她的饮食进行调查之后发现，她的食谱中经常出现的蔬菜是黄瓜、西红柿、冬瓜等。这类蔬菜口感比较好，很多不喜欢吃蔬菜的人也可以接受。但同样是蔬菜，这类蔬菜的膳食纤维含量太低。我们可以从下表中看一下各种蔬菜的膳食纤维含量。

蔬菜名称	每100克膳食纤维含量（克）	蔬菜名称	每100克膳食纤维含量（克）
红萝卜	0.8	羽衣甘蓝	3.2
黄瓜	0.5	菠菜	1.7
南瓜	0.8	莴笋	0.6
春笋	2.8	芹菜茎	1.2
乌塌菜	1.8	蒜薹	2.5
奶白菜	1.5	西葫芦	0.6

像乌塌菜、奶白菜、菠菜、羽衣甘蓝等绿叶蔬菜明显略胜一筹。道理其实很简单，这些不溶于水的膳食纤维很多都是植物结实的细胞壁。茄瓜类普遍含水量高，口感比较柔软，当然膳食纤维略少一些。除了绿叶蔬菜，还有一些膳食纤维比较高的食物，比如蒜薹，稍微老一些的都很难嚼烂。特别推荐大家选择彩椒，它的膳食纤维含量在蔬菜中是绝对的佼佼者。还有春笋，在应季的时候不妨多吃一些。另外，香菇、木耳、海带、裙带菜、魔芋等膳食纤维含量都很丰富。

吃蔬菜永远不用担心品种单一的问题，因为种类实在太多了，常见蔬菜就有一百多种，全国各地常见的绿叶蔬菜种类都不少。减肥期间，建议摄入的绿叶蔬菜占每天食用蔬菜总量的50%以上。

水果的膳食纤维含量也很丰富，但是大都是溶于水的果胶一类的膳食纤维，这类膳食纤维对身体也有诸多好处，但对形成粪便体积的贡献不大。另外，水果每天只有100克的食用量，意义不如蔬菜和粗粮那么大。

第三招：培养肠道有益菌，优化第二大脑

有些人认为便秘跟肠道宿便有关，所以有不少人去尝试清肠，在排毒的同时解决便秘问题。很多减肥产品宣称人体内有很多宿便，其是令人变胖的罪魁祸首，并误导大家盲目地清肠。事实上，无论是现代医学还是传统中医，都找不到"宿便"这个词。很显然，"宿便"是厂家营销出来的词语。这些厂商有一套能够自圆其说的理论，而且通俗易懂，经过多年的广泛传播，在大众中的认知度非常高，导致这么多年的科普一直困难重重。实际上，肠道没那么多所谓的"宿便"，也无"毒"可排。如果总是强迫肠子"洗澡"，危害多多。

大肠里面有一些常驻居民——细菌，这些细菌里有有益菌，也有有害菌，它们构成了整个肠道的微环境。越来越多的证据表明，肠道与健康关系密切，与大脑联系紧密，被誉为"第二大脑"。盲目地清肠，很有可能把肠道里的有益菌和有害菌一网打尽，这就得不偿失了！

成年以后，随着年龄的增长，有益菌的数量一直呈下降趋势，但有一项调查表明，长寿老人肠道里的双歧杆菌比较多，这也从侧面反映出有益菌对于健康的影响。所以，增加肠道有益菌是对抗便秘问题的另一个途径。

一提到补充益生菌，很多人都会想到喝酸奶。市面上大部分酸奶中的菌并不是有益菌，这些菌在肠道内穿肠而过，并不能在肠道内定殖。也就是说，大部分的菌就是个"游客"，来了还得走。只有添加了有益菌的酸奶才能够对肠道起到相应的作用，酸奶中常见的有益菌是乳双歧杆菌、嗜酸乳杆菌。

产品中仅仅添加了有益菌还不够，因为有相当数量的有益菌会在胃内被胃酸干掉，只有有益菌的数量足够多才会有一部分顺利到达大肠。每次至少摄入1亿个以上的有益菌才会对肠道健康产生影响。具体的有益菌添加量在酸奶的包装上会有标注，留意一下就会找到。

现在市面上也有很多益生菌或者益生元的保健品，前者是直接补充有益菌，后者通过给益生菌提供某些物质，使有益菌得以繁殖。现在比较火的益生元产品有菊粉和阿拉伯糖，它们都是从天然食物中提取出来的，没有其他成分，不用担心安全问题。唯一要了解的是它们都不能立竿见影，解决便秘问题，需要吃一段时间才能看到效果。

治疗便秘还要多管齐下

适当地运动，哪怕只是快走，都会增加肠道的动力，所以多运动也是解决便秘问题的有效途径之一。不止一个学员向我反馈，通过运动，肚子变"轻松"了，不那么紧绷绷了，便秘问题也得到很大改善！

还有一些方法也可以缓解便秘。

第一，减少出口刺激很重要。少吃辣椒、大蒜，少喝咖啡和浓茶，这些食物和饮品会造成直肠出口压力增加，导致便秘问题加重。

第二，养成良好的排便习惯也很重要。大肠的活动在晨醒和餐后最为活跃，建议晨起或餐后两小时内尝试排便，即使没有便意，每天定时、定点去厕所蹲一会儿，就会慢慢促进肠道反射。有不少人尝试这种方法一段时间后就见效了。

另外，一些坏的习惯一定要改掉，比如在厕所看书或者看手机，都是非常不好的习惯，它会使排便时间延长。排便时要集中注意力，减少外界因素的干扰。

谨慎使用治疗便秘的药物

番泻叶和大黄是治疗便秘的常见药物，很多人认为它们是中草药，所以很安全。番泻叶及其果实都含有一种叫作番泻苷的成分，被肠道菌分解后会产生大黄酸蒽酮，是一种常见的肝毒性物质，大黄里面也有这种成分。滥用中药类泻药导致急性肝衰竭而死亡的报道并不鲜见，建议大家慎用。

开塞露是利用甘油或山梨醇不易被肠道吸收的特点，在直肠形成高渗环境，从而刺激肠壁引起排便反射，再加上甘油有润滑肠道的作用，能比较有效地帮助排便，可以偶尔使用解决紧急的便秘问题。但长期使用会产生药物依赖，没药物刺激直肠就不蠕动，更严重的可能导致肛门坠胀甚至便血。

我推荐大家试试维生素疗法。在维生素中，维生素B_1与胃肠道动力关系密切，如果缺乏维生素B_1也可能造成肠动力不足，所以可以试一下补充维生素B_1。

另外，有些人说喝蜂蜜水有效，有些人说吃香蕉就见效，还有些人说喝啤酒也可促进排便，这些方法没有理论依据，但是只要不危害健康，可以尝试一下，毕竟每个个体都有差异。

饮食是根本，运动是辅助！如果能做到这一点，一段时间后是可以改善便秘问题的。另外，即使没有出现便秘问题，多预防也是没错的。

走出减肥误区

很多人都有不堪回首的减肥经历，付出汗水，忍饥挨饿，换来的却是一次又一次的减肥失败，真正受益的只有推出形形色色减肥产品的商家。

目前市面上的减肥方法不计其数，如针灸减肥、拔罐减肥、运动减肥、苹果减肥、香蕉减肥、过午不食、断食、不吃面食减肥、阿尔金斯减肥、哥本哈根减肥……这看起来好像有很多选择的机会，但实际上减肥并没有那么多方法可循。

把这些形形色色的减肥方法梳理一下你就会发现，基本就四个要素——少吃、多动、减肥药和医疗干预（比如手术）。除此之外，什么纳米、基因、甩脂、燃脂、小分子、电离、干细胞等，基本都是忽悠！如果认真研究一下，我们还会发现更惊人的真相，大部分减肥方法本质上都是在控制饮食，几乎每一种减重方法背后都对应着一种减肥饮食，区别仅仅是健康或者不健康而已。这其实很容易理解，少吃跟多动比起来，少吃执行起来更简单，也更容易操作。

减肥需要怎么吃？常见减肥膳食模式

目前世界上比较主流的，常见的减肥饮食模式主要有以下几种。

1.限能量平衡膳食（CRD）

限能量平衡膳食是一类在限制能量摄入的同时保证基本营养需求的膳食模式，其宏量营养素的供能比例应符合平衡膳食的要求。

2.高蛋白质膳食（HPD）

高蛋白质膳食是一类每日蛋白质摄入量超过每日总能量的20%或1.5g/kg/d，但一般不超过每日总能量30%（或2.0g/kg/d）的膳食模式。

3."5+2"轻断食模式（intermittent fasting）

也称间歇式断食，是一种采用"5+2"模式，即1周中5天相对正常进食，其他2天（非连续）则摄取平常的1/4能量（女性约500千卡/天，男性约600千卡/天）的膳食模式。

4.生酮饮食

生酮饮食是一种以高脂肪（高达70%~80%）、低碳水化合物为主，辅以适量蛋白质和其他营养素的饮食方案。

5.代餐

以多维营养素粉或能量棒等非正常的餐饮形式代替一餐或多餐的膳食，或是代替一餐中的部分食物。

限能量平衡膳食、高蛋白质膳食、生酮饮食是比较典型的通过对营养素供能比例进行调整，以达到减肥目的的饮食模式。通过下面的对比图很容易发现它们之间的差别。

几种膳食模式对比

1.限能量平衡膳食

限能量平衡膳食是一种经典的减肥方法，九宫格配餐法就是基于限能量平衡膳食的原则研发的。任何人群都可以使用这种方法，并且没有时间限制。也就是说，在保证均衡饮食的前提下可以一直使用该种方法减肥。

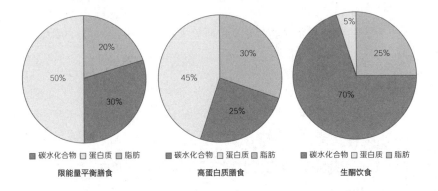

限能量平衡膳食　　　　　高蛋白质膳食　　　　　生酮饮食

限能量平衡膳食的饮食模式符合平衡膳食原则，它通过定量饮食和食物搭配实现控制能量、营养摄入均衡的目的，并满足适当的饱腹感。唯一要注意的就是预防微量营养素的缺乏，所以要补充矿物质维生素膳食补充剂。

2.高蛋白质膳食

适当提高蛋白质的供应比例，减少碳水化合物类食物的摄入。因为这种饮食模式要求肉类食物食用量相对多一些，所以对于无肉不欢的人来说很受欢迎，减重效果也很好。但需要注意的是，这种饮食结构也存在不均衡的情况，使用时间不宜超过半年；不适用于孕妇、青少年和老年人，以及肾功能异常者；使用时应注意补充维生素和钾。

3."5+2"轻断食模式

"5+2"轻断食是近些年比较火的一种减重方法，即一周之内2天不连续地断食，平时正常吃，断食日只摄入平时能量的四分之一。至于断食日的食物选择没有明确的规定和推荐，不过考虑到能量摄入极少可能造成的饱腹感缺失，一般都是大量的蔬菜和少量的蛋白质食物的组合。这种方法更简单，容易操作。需要注意的是，这种方法不适合孕妇和儿童。另外，如果采用轻断食减肥超过两个月，需要在专业营养师的指导下进行。

4.生酮饮食

生酮饮食最初的研发并不是为了减重，而是用于治疗小儿癫痫。近些年随着研究的深入，生酮饮食的应用逐步拓展到了体重管理领域。由于生酮饮食是一种营养素极度不均衡的饮食方式，有利有弊，目前在全世界40种饮食排名中多年垫底，对于生酮饮食持怀疑态度的专家也不在少数。

生酮饮食要求脂肪的摄入量非常多，每天的摄入量是普通人的2～3倍，此消彼长，脂肪吃得多，必然碳水化合物和蛋白质的摄入就要减少。生酮饮食要求蛋白质跟普通人的摄入量相同，所以真正减少的就是碳水化合物。具体转化为膳食模式就是不吃主食，适量摄入肉类，奶类一般也不摄入，蔬菜和水果也需要限量。也就是说，在食物的选择上要尽量选择高脂肪食物，烹调油的使用量也要比普通人多得多。这种饮食方案会让身体产生很多酮体，酮体在身体内储存过多容易造成酮体酸中毒。所以生酮饮食最好在营养医师的指导下进行，并且要监测身体的部分生化指标，以便随时调整饮食方案。

5.代餐

代餐这种减肥膳食模式近些年发展迅猛，相关产品也层出不穷。相关研究增多，一些产品也确实很好地解决了减肥期间饱腹感和饮食量减少很难兼容的问题，一定程度上降低了减重难度。但减重效果十分依赖靠谱的产品顾问，如果单纯提供产品又无法提供相应的减重服务，也会造成减肥者饮食不均衡、营养不良等一系列问题。此外，这种方法同样不适用于孕妇和儿童。

6.其他

还有很多减肥方法，比如香蕉减肥法、水煮肉减肥法、不吃面食减肥法等，这些都不在我上面所说的减肥膳食模式之列。它们可以归纳为一种——"不适口减肥"，这种方法虽然号称可以随便吃，但是它利用人们对单一饮食的不适应，造成了变相的少吃。比如再喜欢吃肉的人，如果让他成天只吃肉不吃其他食物，他很快就会吃不消，饮食量也随之减少。另外，这类方法饮食单一，很容易出现营养不良等健康问题，因此目前不在主流的减肥方法之列。

哥本哈根减肥法、过午不食等减肥方法虽然听起来很神秘，实际上就是"节食减肥"，通过一些特殊要求让减肥这件事看起来仪式感满满。但实际上如果能做到少吃，大可不必这么大费周章。我还有些学员因为不健康的减肥饮食方法伤害到了胃，实在得不偿失！

很多人深受错误减肥饮食方法的危害，希望通过其他途径成功减重，"物理减肥"应运而生，比如号称"站着瘦"的甩脂、"躺着瘦"的拔罐减肥、刮脂减肥等。殊不知，脂肪可不是那么容易离开人体的，否则减肥也不是千年难题了。想要科学减肥，了解一些脂肪的小知识尤为重要。

脂肪在哪里

脂肪细胞里除了几乎看不到的细胞核，剩下大部分都是脂肪液滴，更直接点说就是油，人们拼命想减掉的脂肪就藏在这里！

当人体摄入的能量大于消耗的能量，用不完的能量就变成脂肪，储存在脂肪细胞里了。善于储存脂肪是人类进化而来的优势基因，一旦遇到食物短缺，这些白花花的脂肪就像银行里的存款一样，用来应急，"存款"越多当然越容易生存下来。只不过经济快速发展后的今天，食物短缺在我们的生活中并不常见了，反而是食物唾手可得，我们甚至可以足不出户就买到全世界的美食。与此同时，本应该通过运动消耗多余能量的我们又被手机、电视和电脑等电子产品牢牢套住。于是，我们的脂肪越来越多了！

人在成年之后细胞的数量几乎不变，脂肪细胞的数量也是如此（儿童期肥胖的孩子成年后其脂肪细胞可能比体重正常的儿童更多，更容易胖，减肥也更困难）。那为什么同一个人胖瘦可能相差几十斤甚至是几百斤？因为脂肪细胞是可以变大的。大到什么程度？目前尚未发现人体脂肪细胞储存脂肪的极限在哪里，简单来说——想长多胖，就可以长多胖！

怎样才能把脂肪甩掉

细胞和细胞之间有着紧密的联系，器官各自执行着自己的任务，像一台高速运转的机器，稍有偏差都可能让人体出现问题。这么复杂的人体，可不是想减哪里就能减哪里。脂肪排出体外只有几个通道。

1.最健康的方式：从肺里出去

变瘦，实际上就是把脂肪细胞里的脂肪消耗掉，当脂肪代谢掉之后，脂肪细胞的个头就会随之变小，自然就瘦下来了。把脂肪作为能量消耗掉，同时生成了二氧化碳和水，二氧化碳最终要通过肺排放，所以说人体代谢脂肪最重要的器官是肺。

2.最意想不到的方式：拉出去

没有被消化吸收的脂肪就会穿肠而过，最终从肛门排出体外。不过，一般情况下，这种情况很少发生。脂肪的吸收很完美，极少浪费。有大量脂肪通过这种方式排出去往往意味着有腹泻的发生或者药物的干预。

3.最简单粗暴的方式：抽脂

抽脂手术是外科体形雕塑手术中的一种，属于美容整形。抽脂手术原理是通过负压吸引的方法把身体某一部位多余的脂肪吸出来，以达到局部迅速瘦体的目的。抽脂手术很高效（一抽脂肪就没了），但同时伴随着高风险。这几年因为抽脂手术引起的纠纷屡见不鲜，需谨慎选择。

减肥没有什么秘密，说到底就是一句话——管住嘴，迈开腿，想毫不费力就把吃吃喝喝长的肉减掉是不可能的！不过，减肥成功也并非没有"捷径"，养成各种易瘦的好习惯后真的就是"躺着瘦"了。不过，在此之前学习基本的减重知识、营养知识是很重要的，毕竟了解得越多才越自由！

第五章

与减肥相关的50种食物

减肥，不是要把食物作为敌人，面对美食敬而远之，而是要学会与食物做朋友，了解不同的食物对身体健康有益的成分，合理选择适合自己的食物组合。

蔬菜

1.油菜

油菜是最值得推荐的蔬菜之一，它的优势在于钙含量很高，是同类食材中的佼佼者。每100克油菜中含钙148毫克，这个数量差不多是牛奶钙含量（每100克牛奶中含钙107毫克）的1.5倍，如果每天能吃上200毫克的油菜，只摄入了54千卡的热量，而同时摄入了296毫克的钙，超过普通成年人每天钙推荐量的三分之一。

油菜维生素C的含量也很高。考虑到水溶性维生素在烹饪中的损失比较大，建议缩短烹饪时间、降低烹饪温度，这样可以更好地保留维生素C，蒜蓉油菜就是个不错的做法。

2.菜心

菜心也是非常值得推荐的绿叶蔬菜。虽然它没有特别突出的单个营养素含量，但是在蔬菜中属于各种营养素含量都很优秀的"三好学生"，如每100克菜心含钙96毫克，含维生素C44毫克，含钾236毫克等。另外，菜心天然带有一种甘甜的味道，口感很容易被接受，如广东有一道名菜——白灼菜心，简单地焯水之后捞出，淋一点儿一品鲜酱油和几滴油即可，是特别适合减肥人士食用的少油、少盐美食。

3.西蓝花

西蓝花也是一种绿叶蔬菜，它富含胡萝卜素，其胡萝卜素含量差不多是胡萝卜的1.5倍，所以，它的抗氧化性很强。胡萝卜素在身体里可以一定比例地转化为维生素A，因此，它对眼睛是有好处的，用眼过度的人士可以多吃一点！西蓝花的含钙量也不差，每100克西蓝花含钙50毫克，补钙也是一把好手。

4.菠菜

2000多年前，菠菜由尼泊尔传入中国，深受中国人的喜爱。菠菜是一种营养价值很丰富的绿叶蔬菜，胡萝卜素、钙、钾的含量都很丰富，特别是钾，每100克菠菜含钾311毫克。钾对于降低血压有好处，推荐血压高患者经常吃菠菜。每100克菠菜含钙66毫克，也是很适合补钙的蔬菜。

小贴士

很多人都说菠菜不能跟豆腐一起吃，这是真的吗？

菠菜草酸含量很高，草酸会影响钙的吸收，这样看起来一起食用的确是有影响。但草酸也极易被破坏，烹饪时将菠菜先焯水，焯水之后草酸就被破坏了，自然也不会影响豆腐中钙的吸收了。菠菜豆腐汤是一款非常不错的减脂又补钙的美食。

5.秋葵

秋葵经常出现在人们的餐桌上，网传它能治疗糖尿病。这当然是假的。秋葵含有丰富的膳食纤维，切开之后那种黏糊糊的液体成分就是可溶性膳食纤维，目前研究表明它对预防和缓解便秘的确有好处。

秋葵含有的一些多酚类物质会抑制消化酶活性，并且膳食纤维进入肠道后在细菌的作用下产生气体，导致腹胀问题更加严重。因此，如果胃肠道消化功能不好、胃动力不足、容易腹胀的人不宜吃太多秋葵。

6.芦笋

对于减重人群来说，芦笋是一种特别适合食用的蔬菜。它的能量很低，每100克芦笋只有22千卡热量，维生素C含量也很丰富，每100克芦笋含维生素C45毫克，每日食用200克芦笋差不多就达到了每日维生素C摄入的推荐量（成人推荐量100毫克/天）。芦笋还富含膳食纤维，对于消除水肿效果不错。

7.口蘑

口蘑是一种菌类，属于蔬菜的一种。

大部分新鲜的蘑菇能量不高，跟其他普通蔬菜差不多，口蘑算是一个例外。新鲜的口蘑每100克能量为44千卡，差不多比普通蔬菜的能量高了一倍。减重期间在烹饪的时候把口蘑作为配菜是没问题的，但如果大量食用则需要注意能量替换的问题。

8.彩椒

红、黄彩椒搭配牛肉是非常出彩的一道菜，既营养美味又是高颜值。彩椒是维生素C含量较高的蔬菜之一，每100克彩椒的维生素C含量是104毫克，这个数字比大部分的水果都高，甚至比猕猴桃还要高。

很多人一直以为吃水果可以大量补充维生素C，《中国居民膳食指南》中的一个数据显示，我国居民摄入的维生素C有90%以上来源于蔬菜，所以千万不要小看蔬菜的作用。

9.茄子

茄子美味，但暗藏"危机"。一份烧茄子（200克）一不小心就能吃进去20多克甚至更多的油。这主要跟它特殊的结构有关。茄子有海绵状的结构，这导致它十分吸油，尤其是长茄子。所以，有关茄子的美食几乎都是高油的，如炸茄盒、鱼香茄子煲、肉末茄子等。

想享用美味又不长胖，那就要在烹饪方法上下点功夫。茄子在蒸过之后其海绵状的结构表面会产生一层水分，油就不容易浸入了，完成这一步之后再进行后续烹饪，就不用担心油多的问题了。所以，茄子适合"蒸一蒸"。

主食

1.藜麦

藜麦是近年来一直很火的网红产品。它原产于南美洲安第斯山区，是印加土著居民的主要传统食物，有5000～7000多年的种植历史，古代印加人称之为"粮食之母"。藜麦的蛋白质含量高于我们常吃的谷物，所含氨基酸模式与人体需求非常接近，并且藜麦还富含矿物质、维生素、膳食纤维等。这也是它被誉为"最适合人类的完美营养食品"的理由。有趣的是，藜麦实际上跟我们常吃的主食（禾本科）并不属于同一科，它属于藜科，这一科里能吃的食物不多。菠菜也属于藜科。

2.燕麦

燕麦是一种非常好的粗粮，最值得一提的就是它具有非常独特的膳食纤维——β-葡聚糖，这是一种可溶性的膳食纤维。如果你煮过燕麦粥就会知道，燕麦煮粥的时候有一点黏黏的感觉，这种黏黏的物质就是β-葡聚糖。已经有很充足的证据表明，β-葡聚糖对于成年人的血脂有好处，具有改善血脂异常的作用。

3.黑米

黑米也是粗粮中的一种，它看起来黑乎乎的，就是因为含有大名鼎鼎的花青素。花青素是一种天然色素，它具有很强的抗氧化作用，也有一些研究认为花青素可以预防心血管疾病、糖尿病和肥胖症。

黑米的颜色很容易把大米染色，如果黑米的比例太高，煮出来的饭就会黑乎乎的，因此制作黑米饭时黑米的比例可适当减少。

4.意大利面

同样用面粉做出来的面条实际上也分三六九等。面粉中的蛋白质含量越高，做出来的面条口感就越筋道，这也是食品生产商所追求的，原因是消费者喜欢。但是，我国的小麦品种天生就蛋白质含量不太高，所以生产商只能通过加盐、加碱来提高面条的筋性。我国的传统挂面最大的问题就是大部分产品含钠比较多，而意大利面的主要原料是一种粗制硬粒小麦粉，它最特别的地方就是不用加盐就可以有很好的筋性。

5.玉米

每年的7～9月是玉米最好吃的季节。减肥期间，一次可以食用玉米350克（带棒），差不多是一整根玉米的重量，如果是水果玉米还可以再多一些。

玉米胚芽（也就是吃玉米时极容易掉落的浅黄色小颗粒）是非常有营养的部分，富含不饱和脂肪酸和维生素E，吃玉米记得要吃掉它们，千万别浪费。

6.杂粮粉

做杂粮饭（粥）麻烦，打成粉怎么样？超市和网上都有各种款式的杂粮粉，的确方便了大家的生活。那它是不是更适合减肥的人吃呢？当然不是！杂粮在打成粉末之后的升血糖速度很快，简单来说就是消化速度很快，导致血液中血糖浓度快速上升，然后快速下降，于是很快就又饿了。肥胖的人本身可能存在胰岛素抵抗的问题，所以应尽量选择血糖生成速度比较慢的食物。另外，打成粉之后的杂粮饱腹感也要差一些。

杂粮粉做成的粥吃不饱还容易饿，不太适合减肥的人食用。

7.鹰嘴豆

鹰嘴豆是近几年比较火的减肥食材，轻食餐里经常可以看到它的身影。鹰嘴豆进入中国的时间不长，但在中东地区已经有7500多年的食用历史。它的中文名字之所以叫鹰嘴豆，主要是因为它尖尖凸起的胚根部分，像极了鹰嘴。鹰嘴豆钾含量超高，每100克含830毫克钾，如果每天吃上50克鹰嘴豆，差不多能摄入我们每天所需钾摄入量的三分之一。

鹰嘴豆自带坚果味，鹰嘴豆泥有黄油般的质地，可以说营养与美味兼得，对于减肥的人来说再合适不过了！

8.粗粮饼干≠粗粮

市面上很多粗粮饼干名不副实，这个我们通过配料表就能看出来，只有配料表里粗粮排在第一位的，也就是用量最多的，才是真正的粗粮饼干。不过，即使是真正的粗粮饼干也要注意看一下脂肪含量是不是过高。粗粮略微粗糙，做出来的饼干口感往往不尽如人意，因此很多商家会加入大量的油来平衡口感，脂肪（油）含量高了，能量自然就控制不住了！

9.全麦面包

全麦粉营养价值高，但矿物质吸收率受膳食纤维的影响会低一些，不过发酵之后的全麦面包会提高本身矿物质的吸收率。

需要注意的是，为避免买到名不副实的全麦面包，购买时应注意看配料表的顺序，排在第一位是全麦粉的才是真正的全麦面包。

10.面条

面条的搭配是很容易超标的，几乎大部分都是几片菜叶+几块肉+一大碗面的组合，这样的组合不但营养不均衡，也很容易能量超标。最简单的解决办法就是回到我们的进餐顺序，先吃一拳头的蔬菜，然后按照蔬菜—蛋白质—主食的顺序进餐，相对来说会容易控制能量的摄入。

11.芝麻糊

芝麻糊的主要原料一般是芝麻和大米，有些产品芝麻用量较多，但有些产品的主要原料则是大米（名不副实）。用芝麻糊做早餐的确简单方便，但并不适合减肥的人。

首先，芝麻的热量比较高，它是可以榨油的原料，所含能量可想而知。有些芝麻糊的能量每100克高达500千卡以上，这大概是普通谷类的1.5倍。同时，芝麻糊的饱腹感很差，往往意味着要多吃一些才行。一来二去，可能要吃到多于其他主食的能量。

高蛋白食物（鱼、肉、蛋、奶、豆制品）

1.三文鱼

三文鱼营养丰富，口感也不错。除了好吃之外，它最值得推荐的原因就是富含DHA。DHA的化学名字是二十二碳六烯酸，俗称脑黄金，是一种对人体非常重要的不饱和脂肪酸，属于ω-3不饱和脂肪酸家族中的重要成员。所以，每周都应该吃上几次这类富含DHA的富脂鱼类。

2.鸡胸肉

鸡胸肉是众所周知的高蛋白、低脂肪食物。减重期最主要的任务是控制总能量的摄入。同类型食物当中最重要的衡量标准是所含能量的多少。在食物的替换表上，50克瘦肉可以换成70克鸡胸肉。当然，原本鸡胸肉蛋白质含量就很高，70克鸡胸肉的蛋白质含量要远远高于50克瘦猪肉，对于要增肌的人来说再合适不过了。不过，我依然不建议把所有的肉都换成鸡胸肉，虽然这样看起来吃多了一点儿，但其他的肉类也有其独特的、不能取代的营养价值。营养，离不开"均衡"二字。

3.豆腐

黄豆制品的蛋白质是植物性食物中唯一可以跟动物性食物相媲美的食材了，其蛋白质含量高、质量好，食品形态也很丰富。只是在减肥期间，我们无法享用所有豆制品，毕竟减肥期间营养与能量的把控要更严格才行。在选择类型上，比较推荐的是豆腐干、南豆腐、北豆腐，因为这几类豆制品在制作过程加入了凝固剂石膏或者卤水（均含钙），使得它们的钙含量额外增加，是推荐的三大补钙食材家族之一（另外两个是奶和绿叶蔬菜）。在含钙量上豆腐干＞南豆腐＞北豆腐。

内酯豆腐使用的凝固剂是β-葡萄糖酸内酯，不含钙，虽然口感不错，但是含钙量很低。因为减肥期间需要营养密度更高的食物，所以在这里不推荐大家选用。

现在很流行的千叶豆腐，原则上不能算作豆腐，因为它是以"大豆分离蛋白"为主要原料制作的，钙含量非常少；日本豆腐也不是豆腐，它的主要原料是鸡蛋，跟豆制品其实没什么关系。

4.海虾

海虾是典型的高蛋白、低脂肪食材，每100克虾肉只有79千卡热量，脂肪只有0.6克，还含有丰富的钙、铁、锌、钾等矿物质，在食物替换的时候，如果替换成海虾，重量可以翻倍，吃起来满足感很强，值得推荐。

在这里提醒一下大家，虾头部分容易汇集重金属（正规养殖可能略好），建议吃虾的时候只吃虾肉即可。

5.北极虾

北极虾，因产自北极附近海域而得名。北极虾生活在高纬度地区，水温较低，生长速度缓慢，个头比一般的虾小，但肉质紧密，味道鲜美。北极虾的捕捞依赖大型远洋捕捞船，在船上有一整套的加工设备，堪称一座海上工厂，从捕捞、清洗、分级、预煮等多道工序到零下30℃的速冻流水线，冷冻30秒，全程不超过30分钟。

6.腊肉、腊肠、火腿

2015年世界卫生组织下属的一个癌症研究结构发布了一项重要研究：加工肉制品致癌！像火腿、腊肉、腊肠、火腿肠等美食都是不折不扣的加工肉制品。在没有冰箱的古代，人们将储存食物的智慧发挥到了极致，如把肉做成储存期更长的火腿、腊肉等，在食材匮乏时期它们极大丰富了人们的餐桌，但现在它们正在危害人们的健康，所以还是少吃、不吃为妙。

7.酱牛肉

牛肉是典型的高蛋白、低脂肪肉类，选上好的牛腱子肉自制酱牛肉是非常棒的减脂美食。制作完成后可以将牛肉切片放在冰箱里冷藏或者冷冻，适合做快手减脂早餐。午餐带饭也很方便，加一点主食和蔬菜就是很营养的一餐。

8.龙利鱼

龙利鱼是一种海鱼，长相有点像长长的舌头，在我国比较常见。吃鱼最大的麻烦就是要挑刺，即使成年人，不会挑刺的也大有人在。龙利鱼的刺很少，特别适合给孩子和不会挑鱼刺的人吃。购买龙利鱼的时候需要注意，我们在超市和网上看到的"龙利鱼片"实际上是越南养殖的一种名为巴沙鱼的淡水鱼鱼片，而并非龙利鱼。既然是淡水鱼，巴沙鱼的不饱和脂肪酸的含量比真正的龙利鱼低得多，因而营养价值也打了折扣，而且巴沙鱼的水分含量较多，蛋白质含量相对要少一些。

水果及制品

1.苹果

苹果是一种看起来很普通的水果，但对健康有诸多好处。从常见的营养素上来讲，苹果并不占优势，三大营养素含量都很低，维生素含量也不高，但它含有钾、果胶、原花青素、儿茶酚等多种保健成分。

2.牛油果

牛油果是近些年来比较火的网红食材。牛油果的脂肪含量很高，这与我们大部分熟知的水果都不同，大部分水果几乎不含脂肪，但牛油果含有15%的脂肪。

有些人认为牛油果能减肥，这是个误区。同样是水果，牛油果的能量几乎是苹果的3倍，比米饭的能量还要高，如果只是简单地把水果换成了牛油果，其他饮食没有变，那是很容易吃胖的。

3.大枣

无论是鲜大枣还是干大枣都很受欢迎，这一切都离不开一个字——甜。鲜大枣上市的季节，很多人可以洗一小盆大枣，然后捧着盆吃，不少人就这样不知不觉地长胖了。每100克冬枣含碳水化合物27.8克，能量113千卡，几乎跟米饭的能量相当。所以毫不夸张地说，吃一口大枣就相当于吃一口米饭。一碗饭可能没那么容易吃完，但吃完一碗大枣就是分分钟的事吧！

干大枣含糖量可以达到67.8%，简直可以说吃大枣就等于吃糖！

4.哈密瓜

哈密瓜是特别值得推荐减肥者食用的水果。每100克哈密瓜的能量才34千卡，跟蔬菜能量不相上下，而且饱腹感很强，很少有人能吃下半个哈密瓜。

哈密瓜富含钾，每100克含钾190毫克，虽然乍一看比不上香蕉（100克香蕉含钾256毫克），但是哈密瓜的能量大约是香蕉的三分之一，从营养密度上看，哈密瓜略胜一筹。

5.西瓜

西瓜并不适合减肥的人，这可能让很多人感到意外。因为西瓜的能量并不高，每100克西瓜的能量为31千卡，比哈密瓜还低，有什么理由不推荐呢？原因就是——太好吃了！西瓜富含果糖，是诸多天然糖中甜度最高的（果糖含量高的水果都格外好吃）。果糖有一个特点，温度适当降低之后甜度会增加，这也就解释了为什么从冰箱里拿出来的西瓜会比刚买回来的时候甜。这么好吃的西瓜谁会只吃一块呢？经常有很多人会一晚上吃掉半个西瓜，还认为西瓜其实都是水，上两趟厕所就尿出去了！水的确不含能量，但是西瓜的能量可是真实存在的，不会无缘无故跑出去。吃进来的能量一旦超标，长胖也就是自然而然的事情了。

6.杧果

杧果也是很受欢迎的水果之一。杧果不但味道甜美，还有着特殊的香气，能量也很低，每100克杧果的能量为35千卡左右。需要注意的是，杧果中含有一种蛋白酶，有些人吃杧果的时候口唇或者下巴等部位接触过杧果后会发红发痒，这就是这种蛋白酶的"杰作"了。那怎么安心享用杧果呢？很简单，把杧果肉切成小丁，然后用叉子送入口中，不要接触口唇部的黏膜就好了。

大部分水果在冰箱里冷藏都可以保存更久，但杧果却例外。杧果常温或者低温储存很快就会长黑斑，然后快速变质坏掉，所以杧果这种热带水果是不可以放进冰箱的。

7.香蕉

香蕉也是一种能量偏高的水果，每100克香蕉的能量为93千卡，跟米饭接近！

很多人都听说香蕉能缓解便秘，但目前没有明确证据表明香蕉能缓解便秘，却有明确的证据表明没熟的香蕉中有很多单宁，可能导致肠道阻塞，加重便秘，而成熟的香蕉则不会。香蕉中含有一些纤维，但不算多。此外，香蕉还富含钾。

8.坚果

大部分我们熟悉和喜欢吃的坚果都是富含油脂的，比如核桃、瓜子、花生、开心果等，这些坚果差不多有接近一半的成分是油脂，也就是脂肪。既然富含脂肪，能量就很高，比如每100克瓜子的能量是615千卡，每100克核桃（干）的能量是646千卡，都是绝对的高能量食物。吃进去100克坚果并不费力，但是却差不多占用了我们全天一半的能量配额，在减肥期间只能少吃或者不吃。

也有一些坚果是富含淀粉的，比如莲子、板栗等，它们的能量跟主食比较接近，可以在煮饭、煮粥的时候适当放一些。

9.果干

果干，是水果仅仅经过干燥制成的产品。在干燥过程中，水果中的维生素C和维生素B_1损失殆尽，所以果干营养价值不如新鲜水果。但果干也并非毫无可取之处，它们经过干燥处理后水分降低，营养物质相对浓缩，比如100克葡萄干里含有钾高达995毫克（100克葡萄含钾127毫克），除矿物质外，膳食纤维和大部分抗氧化物质，如胡萝卜素和花青素等也被很好地保留在果干中。当然，水果中的糖分也被浓缩，果干含糖量和能量都比较高，比如每100克葡萄的能量是45千卡，而100克葡萄干已经接近344千卡，差不多是一碗米饭的能量，所以还是少吃为妙。

饮品

1.酵素

酵素是日本、中国台湾的叫法，实际上它还有个不那么洋气的名字，在中国它的名字叫作酶。植物在发酵的过程当中会在细菌的作用下产生各种各样的酶，如果是正规工厂生产的酵素还能筛选菌种，控制品质；如果是一些小作坊自己DIY，运气好的，会有一些好的酶产生，并且没有那么多的杂菌，又碰巧没有有害菌，运气不好的可就不一定了，毕竟细菌无处不在，自制DIY酵素喝得拉肚子的例子比比皆是。归根结底，酶的效果不确定，含糖量也没有保证，不值得冒险。

2.蜂蜜水

蜂蜜自古以来就被赋予神奇的功效，美容、治疗便秘，甚至还有人说它可以降血糖，以至于经常有学员问我是否能喝蜂蜜水降糖。

蜂蜜的主要成分就是糖，微乎其微的养生功效大多还未得到证实。一杯口感好的蜂蜜水至少要含糖10%左右才可以，一杯200毫升的蜂蜜水的含糖量就达到了20克，而我们一天糖的摄入量只有50克，所以减重期间不建议喝蜂蜜水。

3.大麦青汁

大麦青汁（也叫大麦若叶）是将大麦幼苗打成汁或者干燥后制成粉。不少商家宣称大麦青汁可以减肥，还可以预防便秘。

说到减肥，日本有一家销售青汁的公司就因为在广告中宣称"喝青汁可以减肥"，但又拿不出任何证据，被认定虚假宣传，于2018年10月31日被日本消费厅开出1亿日元的罚单。真的想减肥，即便不喝它，只要能做到合理饮食，每次少吃一点儿，同样可以达到减肥效果。如果在减肥期间并没有少吃，而仅仅是多喝了一杯大麦青汁，那减肥时间再久也没有用。

4.红糖水

红糖、白糖、冰糖、绵白糖说到底都是糖，但是它们之间有着细微的差别。从甘蔗或者甜菜原料中提取出蔗糖，再经过熬制、提纯、干燥等工艺就可以得到红糖，这个时候蔗糖中的维生素损失了，但是钙、钾、镁、铁等矿物质很好地保留了下来。如果在加工过程中增加了脱色的处理，使蔗糖溶液变白，再进行加热、浓缩、结晶等步骤，就会得到白砂糖或者冰糖等更为纯净的产品，所以红糖、白糖、冰糖等说到底其实是"一家子"。

5.淡盐水

一定有很多人听说过这样的传言：早上起来喝杯淡盐水有利于健康。千万不要这么做。淡盐水的摄入对健康无益，反而徒增控盐压力。一杯200毫升的0.5%浓度的淡盐水就能喝进去1克的盐，而减肥期间盐的推荐摄入量是5克，一杯淡盐水就喝掉了全天盐摄入量的五分之一。这显然是不科学的。

6.奇亚籽

奇亚籽原产地为墨西哥等地，是当地印第安人的食物，已经有上千年的食用历史。奇亚籽的膳食纤维很多，每100克就高达30.1克。奇亚籽泡水之后就会慢慢膨胀，体积增大很多倍，味道也变得很好。很多网站宣传它可以减肥，但是每100克的奇亚籽能量是400多千卡，实在算不上减肥食品。另外，奇亚籽的价格较贵，而它所含的营养在普通食物中也大量存在，并不是唯一存在的，性价比大打折扣。总之一句话，奇亚籽可以吃，但没有那么神奇，它依然是食物多样化的一部分。

零食

1.曲奇饼干

曲奇饼干是典型的低营养、高脂肪、高能量的零食。随便在网上找一个曲奇饼干的制作配方，你会发现一个真相——曲奇饼干之所以有那么酥脆可口的口感，是因为添加了大量黄油和白砂糖。每100克曲奇饼干的能量高达500多千卡，相当于半碗米饭的能量，而100克曲奇饼干才不过区区10片左右。

有不少人热衷于自己制作曲奇饼干，实际上除了原材料可能更讲究，在营养价值上自己做的和外面买的并没有什么差别。

2.话梅

话梅的基本制作工艺就是先用盐水泡，接着让梅子脱水、晒干，然后加糖和香料腌渍，再晒干，再次用糖腌、晒干，如此多次反复，最后成为酸甜适度的话梅。在没有冰箱的时代，食物储存的方法并不多，如加盐、加糖、烟熏、晒干（降低水分含量）等。加盐、加糖是非常普遍的食物防腐的方法，因为当糖和盐达到一定浓度的时候就连细菌也无法生存，这是最基本的天然防腐的原理。需要注意的是，话梅的含盐量一向很高，100克话梅经常可以达到一日盐摄入推荐量，因此务必少吃。

3.起酥面包

面包大多含油脂较少，因为加多了油会影响发酵，让面包不够松软，影响口感。但起酥面包是个例外。起酥面包在制作的过程中需要加入大量的黄油，例如，制作羊角起酥面包的配方中面粉和黄油的比例大概是2∶1，也就是说500克面粉要加250克黄油，很容易把人吃胖。

烹调油及调味品

1.亚麻籽油

烹调油的营养价值主要取决于它的脂肪酸构成比例。亚麻籽油中占绝对优势的脂肪酸是α-亚麻酸，它的不饱和程度较高，是一种不饱和脂肪酸。α-亚麻酸是人体两种必需脂肪酸之一，必须从食物中摄取，亚麻籽油就是最重要的获取途径之一。亚麻籽油中还含有一定数量的木酚素，木酚素被认为是一种植物雌激素，具有调节女性内分泌的作用。

α-亚麻酸脂肪酸高度不饱和，所以耐热性很差，一旦加热，氧化聚合速度非常快，还会产生有害的油烟，所以亚麻籽油不宜用来炒菜。它更适合低温烹调，如做凉拌菜、拌馅等，以及跟香油以一定比例混合做饺子的蘸料。

2.椰子油

这几年，由于明星效应的影响和营销广告的推广宣传，椰子油以健康食品的姿态出现在大众视线，并一度扩展应用到减肥、润肤、控制血糖等领域。

椰子油是一款饱和程度非常高的植物油，含大量的饱和脂肪酸，虽然它披着植物油的外衣，但成分却很像猪油、牛油等动物油。饱和脂肪酸对人体有害，这是目前医学界、营养界达成的一个基本共识。各国膳食指南也在建议国民减少饱和脂肪酸的摄入。因此，要慎选椰子油。

3.低钠盐

低钠盐里使用一部分氯化钾替代了氯化钠，相当于减少了盐（化学名称是氯化钠）的摄入。高血压病人饮食的要点就是要高钾低钠，所以食用低钠盐对高血压病人有益。肥胖患者很多都伴随高血压，所以建议减肥人群也使用低钠盐。

4.加铁酱油

铁强化酱油就是往酱油里面加铁，它的目的是辅助改善中国居民铁缺乏的状况和预防缺铁性贫血的发生。

铁强化酱油有国家标准，加铁酱油里所加的铁是NaFeEDTA，是一种铁强化剂，它的性质很稳定，可以很好地溶解在酱油中，且不产生沉淀，也不影响酱油的口感，在烹制的时候跟普通酱油没有差别，但是可以额外增加铁的摄入。

加铁酱油是安全的，即使不缺铁的人，也不会因为吃加铁酱油导致铁摄入过量。

附录1 常见食物含糖量

食物名称	重量（克）	含糖量（克）	食物名称	重量（克）	含糖量（克）
一罐可乐	330	35	一杯珍珠奶茶	500	58
一个菠萝派	88	26.2	一盘糖醋排骨	500	27
一杯热巧克力	200	22.8	一板巧克力	100	53.4
一盒草莓冰激凌	392	87	一瓶乳酸菌饮料	100	13.5
一杯酸奶	200	24	一袋山楂卷	180	135.9
一瓶冰红茶	500	51.5	一壶自泡茶水	500	0
一杯焦糖咖啡	200	35.8	一杯美式咖啡	200	0.6

附录2 常见美食能量

食物名称	重量(克)	能量(千卡)	食物名称	重量(克)	能量(千卡)
油条	1根(100)	423.8	鸡腿汉堡	1个(200)	568
薯条	1包(100)	298	老北京鸡肉卷	1个(175)	467
方便面	1包(130)	581	草莓冰激凌	1个(100)	243
麻花	1根(270)	1423	炸鸡	1块(150)	519
比萨饼	1块(200)	470	蛋挞	1个(50)	196
巧克力蛋糕	1块(60)	238	巧克力	1板(100)	589
薯片	1包(100)	548	大枣(干)	1袋(100)	317
五仁月饼	1块(100)	424	香蕉片	1袋(100)	533.3

第六章

减肥问题有问必答

在减肥的过程中总会遇到各种各样
的困惑。无论是减肥方法、饮食搭配
的相关问题，还是食材选择的问题，
你都可以在本章找到答案。

减肥方法篇

不吃晚餐可以减肥吗？

不吃晚餐到底能不能减肥？我们先来明确两个问题。

第一，是不是在不增加另外两餐食量的情况下减少了一餐，也就是早餐和中餐都正常吃，并没有多吃（跟平常一样），但是晚餐被活生生地砍掉了。

第二，是不是能够一直不吃晚餐，能否把它变成一种习惯，一直坚持下来。

如果能做到这两点的话，瘦是自然而然的事情，或者说是必然的事情。

如果上面的两个答案并不肯定呢？比如晚餐虽然没有吃，但是中餐吃了很多，我们身边有很多这种饥一顿、饱一顿的人，不吃晚餐也没瘦下来。那是因为虽然某一餐吃得少或者不吃，但是其他用餐时间使劲儿吃，这样一天下来能量的摄入和平时是一样的，甚至还会多，自然瘦不下来。

另一种情况，只少吃了一段时间，然后坚持不下去了，又按原来的饮食习惯吃饭，那很快就会胖回去。

日本疯传的8小时减肥法可以减肥吗？

用一句话形容：新瓶装旧酒，换汤不换药！8小时减肥法指的是每天必须在8小时内完成3餐，从吃进身体里的第一口食物开始计算，可以吃自己喜欢的食物，而剩下的16小时就让肠胃休息。这种减肥法总结起来就是：不用计算卡路里，在规定的时间内随便吃，但规定时间外严禁进食。这不就是变相的节食，经典的"过午不食"吗？

假设上午7点开始计时，到15点就是8小时，从15点开始就不能吃饭了。这种方法刚开始可能让人欣喜若狂，还有什么比随便吃都可以减肥更吸引人的呢？但是每天19点以后的时光就很难熬了。我们每餐吃的食物提供的血糖可以坚持4小时左右，随着血糖浓度不断降低，各种挑战开始出现，轻一点是心慌、出汗、手部颤抖、面色苍白等，严重者还可能出现精神不集中、烦躁易怒。最糟糕的是，很可能因为长时间处于饥饿状态难以坚持下去而恢复正常饮食，甚至暴饮暴食，导致减肥失败。

拔罐减肥有用吗？

现在很多减肥机构或者美容机构里有拔罐减肥的项目，拔罐的同时还会配一张食谱，上面详细地写着早、中、晚三餐吃什么，什么能吃，什么不能吃，看起来很有一套。仔细研究一下你会发现，食谱里遵循的原则还是少吃。不过，他们并不是明摆着告诉消费者少吃（一说出来也就不神秘了），而是告诉消费者一些复杂的操作规则，比如不能吃所有面食，像饺子、包子都不可以碰，不能吃所有猪肉，动物内脏和四肢不能吃等。其实，如果消费者能严格按照食谱去做，不拔罐一样可以减肥！但这种"禁忌"诸多的食谱，谁能一直遵照执行呢？

黑咖啡可以减肥吗？

很多人之所以认为黑咖啡可以减肥，可能是因为曾经有一个风靡一时的减肥方法中大量使用了黑咖啡，大家对此产生了一种联想——黑咖啡可以减肥。但是，认真研究一下该减肥方法就会发现，说到底还是节食减肥，食谱当中除了大量出现的黑咖啡，摄取的食物量其实严重不足。如果可以做到少吃，可以挨饿的话，把黑咖啡去掉，类似这样的食谱都可以让人变瘦！

黑咖啡并不能帮人减肥，但是对减肥也没有负面影响。如果已经习惯了每天喝杯黑咖啡，在减肥期间可以继续饮用不加糖的黑咖啡。但是如果喝咖啡还要加大量的糖，比如三合一速溶咖啡，那就算了。一袋三合一咖啡中咖啡粉只占2克～3克，剩下的大部分都是油和糖，一杯咖啡附加了大量的能量，那就是一杯饮料，就不能忽略不计了。

网传的甩脂机可以把脂肪甩掉吗？

甩脂机一直被看作最轻松的减肥方式之一，号称不用运动宅在家里，就能将脂肪依靠被动的运动甩掉。这听上去实在太美好了，然而甩脂机真的有用吗？

想把脂肪从身体脂肪细胞里甩出去，这个还真的不行。人体没有排泄脂肪的通道，身体里的脂肪只能通过能量消耗。

甩脂机号称想减哪里就甩哪里，可是实际上没有局部减肥这件事。身体是一个循环的整体，减肥的话需要全身一起消耗脂肪，没有只减肚子脂肪、大腿脂肪之类的局部减肥法。

最麻烦的是，甩脂机的强烈震动可能会让人体的骨骼和肌肉受损，内脏、肠道、脊椎等部位都会因为震荡产生不适反应，不但没减肥，还可能会有健康风险。

裹保鲜膜真的能减肥吗？

身体裹上保鲜膜，在覆膜之前还要涂抹据说可以减肥的药膏，然后用不了多久就会大量出汗，并排出油脂，从而达到减肥的目的。因此不少人觉得这种方法真的像广告说的那样排油了。

不管是不是涂抹产品，裹上保鲜膜确实可以减轻体重，但是减掉的并不是脂肪，而是身体的水分。汗液98%～99%的成分是水，1%～2%为少量尿素、乳酸、脂肪，假设减掉了500克的体重，这里面的脂肪不过10克而已，出再多汗有什么用呢？而且，丢失的水分还要想办法补回来，毕竟身体缺水不仅危害健康，严重的还会危害生命。与裹保鲜膜减肥法相似的还有刮油机，其同样不能减肥。

听说少吃或不吃面食可以减肥，是真的吗？

少吃或者不吃面食不是重点，重点是食物减少了一大类。中国的面食实在太丰富，如果不能吃任何用面粉制作的食物，大部分的主食和零食都属于不能吃的范围了，可选择的主食基本上只剩下米饭了。实际上这也是变相控制食物的摄入，只不过又换了一件新鲜外衣而已。

有没有只减肥不减胸的饮食？

这个真没有呀！如果有，肯定早就风靡全球！网传的吃木瓜丰胸、喝椰汁丰胸都是美丽的传说。

胸部的维度主要靠先天基因，也就是遗传，后天主要取决于三个要素：乳腺、脂肪、胸大肌。经常按摩可以增加腺体体积，会有一定程度的丰胸效果；胖了以后脂肪增多，一定程度上也会丰胸（当然，瘦下来也会缩水）；一些专门的力量练习可以练到胸大肌，胸大肌增大，会有一定胸部变大的视觉效果，但需要辛苦付出才行！

能吃出紧实的肚子吗？

吃不出来！想拥有紧实的肚子只能靠运动！

每个人都有腹肌，只不过有些人的腹肌被厚厚的肚皮脂肪盖住，导致腹肌"消失"了。通过减脂，脂肪层会慢慢变薄，腹肌就可以露出来了。再加上一些针对腹部的力量练习，使腹部肌肉增加，腹部就会变得越来越紧致，漂亮的马甲线、腹肌就出现了。这种专业的练习需要在专业的健身教练的指导下进行。

冬季比夏季的热量消耗要大，会不会更容易减肥？

理论上是这样，极冷和极热的环境都会增加基础代谢的消耗。但实际上在天寒地冻的季节控制体重真的很困难。

天冷的时候很多人会感觉到胃口大开，食量增加。这是因为冬天身体需要储备脂肪御寒（脂肪是天然的棉被，隔冷隔热），人会不自觉地就想吃东西。这对于想减肥或者需要保持体重的人的确是一种挑战。建议在天冷的时候多穿一些，注意保暖，让身体保持在暖和的状态，这样想吃东西的情况就会改善。

纯素食吃得很清淡，也能长胖？

很多人对"清淡"二字存在误解，认为少吃肉就是清淡。其实清淡指的是口味，是少油、少盐的烹饪方式。

不过，不管正确与否，这些理解都跟胖瘦没多大关系。脂肪是身体储存能量的形式，只要能量有剩余，就会转化成脂肪在身体内储存，哪怕每天只吃米饭（足够"清淡"了），也一样会胖。

喝水都长肉的人，应该注意什么？

喝水都长肉的情况是不存在的。曾经在国外有人做过这样一个实验：让很多自认为吃得很少的人摄入一种"带记号"的水之后，每个人吃的食物热量都被偷偷地"记录"下来。经过对比，研究者发现胖的人就是比瘦的人吃的能量多。不排除有些人真的是干吃不胖，但是这样的人绝对是少数。体重没有减下来多半是吃多了，或者具体食材的选择出现了问题。

减重21天之后还可以继续循环吗？

如果没有达到自己设置的减重目标，意味着减重没有结束，体重还需要继续下降，那就继续吃营养减肥餐。如果已经减到理想的体重，需要按照防止反弹的方法慢慢增加饮食量。

21天只是一个习惯周期，有些习惯21天可以养成，但更多习惯可能需要更多的周期才可以养成。可以把减肥习惯的表格复印下来，继续执行下去。

培养一种自己能坚持下来的运动，并养成习惯尤为重要。在减重初期，正确的饮食方法起决定性作用，但在漫长的减肥道路上，一种可以坚持下来的运动会让减肥者受益更多。

这个食谱上的量对我来说太多了，吃得太饱了，会越吃越胖吗？

减少能量≠减少食物量，吃得饱并不等于能量更多，不必过于担心。

1200千卡的食谱是给普通成年女性的一个标准值，由于身高和体重的差别，1200千卡如果刚好是适合自己体重的饮食量，这样的话可能就没办法减肥了。这种情况下，主食、蔬菜还可以再减少一点儿。另外，应严格控制油的摄入。是否真的会吃胖，等到每周日早上称体重的时候就会有答案了。

食谱搭配问题

如果中午热量摄入严重超标，晚上可以不吃吗？或者前一天晚上热量超标，第二天是减少摄入，还是正常按九宫格配餐法吃呢？

减肥期间，每日食谱偶尔可以自行调配。中午吃多了，晚上少吃一些；前一天晚上吃多了，第二天少吃一些。但绝对不能天天这样饥一顿、饱一顿，否则还是随便吃，并不是配餐。

定时、定量用餐还有一个重要的目的就是训练我们的胃，培养一个跟我们未来体重相匹配的胃。习惯养成后吃点东西就饱的感觉真的不是传说，胃口真的会"变小"。

外出应酬，喝酒有影响吗？

偶尔应酬喝酒不影响减肥，但经常外出应酬基本上就跟减肥无缘了。

虽然酒精并不会在体内储存，会作为能量代谢掉，而且是优先代谢的能量，但是喝酒的同时还会吃很多美食，美食的能量会被"节省"下来，自然就变成了脂肪储存在体内，这相当于喝酒=长肉。

没有加餐的习惯，可以把水果放在正餐和饭菜一起吃吗？

这样做也是可以的，但是最好设定一些加餐。

在两餐之间（比如下一次餐前1小时左右）吃点食物有利于缓解下一次进餐前的饥饿感，这点很重要。当饥饿感比较强的时候，我们的大脑血糖供应不足，往往容易不经意间指挥自己摄入更多的食物，导致能量超标。这种情况容易出现在还没有适应减肥节奏的减肥初期。

加餐是饿了就能吃吗？还是要过几小时才能吃？

加餐在两个餐次中间或者下一次餐前1小时左右吃比较合适。在加餐中吃的食物必须是我们每天食谱中的食物，也就是说把全天摄入的食物量分配一些到加餐中，比如脱脂奶和水果就很适合做加餐。当然，某餐吃不完的食物也可以放到加餐，比如早餐的玉米只吃了一半，剩下的玉米可以放在包里，在两餐之间吃掉；或者把早餐没吃完的蔬菜当作加餐也是可以的。

本来饭量很大，现在减半了，经常感觉肚子空落落的，怎么办？

首先，可以加大蔬菜的食用量，在两餐之间可以用蔬菜加餐，或者每一餐的蔬菜量加大。需要注意的是，用油量不要超标，烹调油体积小，但能量却很大。

其次，适当增加饮食量，放慢减重速度。不同阶段的饮食量都需要一个适应的过程，现在的饮食量是跟现在的体重相匹配的，我们要养成一个跟未来理想体重相匹配的胃不能一蹴而就。如果体重基数比较大，可以在九宫格配餐法的基础上适量增加饮食量，逐步适应到1200千卡。

吃的食材比菜谱里面的种类少，会不会因为代谢率降低而起不到减肥作用？

不会。食谱种类更多主要是起到营养均衡的作用，减肥更重要是能量的把控。我们更期待营养、健康的减重方式，所以尽量增加食物种类，毕竟没有一种食物是完美的，我们只有通过食物多样化尽量全面摄取营养素。

胃不好，吃东西达不到要求怎么办？

胃病不是小事，最好去医院查清造成胃病的原因，并听从医生的建议对症下药。胃不好之后就"挑食"，短期可能没有问题，长期下去很容易因食物摄取单一而导致营养不良。

如果是浅表性胃炎，过多的膳食纤维会促进胃酸分泌，进一步刺激胃，导致胃痛。可以减少食物中粗粮的比例，同时选择黄瓜、冬瓜、茄子、番茄等膳食纤维含量略少一些的蔬菜。另外，患有胃炎应少食多餐，避免吃得过饱，烹制食物也尽量软烂一些。

如果没有特别明确的胃部疾病就不要盲目"养胃"，胃跟人的身体一样是需要适当"锻炼"的，也就是时不时也需要冷热酸甜的弱刺激，让胃练得更结实一些。

如果是两个人进餐，用1个人的食材量翻倍后一起制作，行吗？

如果都是女性或者都是男性，并且都在减肥，同时满足这两个条件就可以用一个人的食材量翻倍后一起制作。

如果是不同性别的减肥餐，把男性的食物量和女性的食物量加到一起制作，烹制好之后女性按照自己的量少吃一些就可以。

如果家庭餐中只有一个人减肥，按菜谱做菜，减肥的人把自己的量单独盛出来即可，其他人不用计算。

减重期间有什么是绝对不可以吃的，或尽量少吃？

腊肉、咸鱼、酸菜、香肠等这些不健康的食材，不仅是减肥者，普通人也应该少吃。

能量特别高的食材也应尽量少吃。我们在减肥期间的首要任务就是控制能量的摄入，因为一不小心就可能吃多，导致能量超标。例如，榴梿的能量很高，1小块榴梿就含有200多千卡的能量；西瓜的能量虽然不高，但是吃得少很不过瘾，一不小心就吃多了，能量自然也就超标了。

一个素食主义者如何做到均衡营养？

纯素食在高蛋白食材替换上的食物来源只有豆制品，可以增加到每天150克豆腐干的食用量，具体的食材原料可以通过替换自由组合，其中可以选择一些纳豆。另外，每天需要增加15克左右的坚果，可以是核桃、花生、开心果、核桃仁等。但不建议吃瓜子，嗑瓜子经常很难停下来，一不小心就吃多了。在粗粮上多食用一些杂豆类，它们的蛋白质含量会略高一些。每天还可以吃50克～100克（鲜重）菌藻类蔬菜。

建议素食主义者额外补充一些维生素B_{12}，只吃素食短期内不会出现缺乏症状，但长期摄入不足会导致维生素B_{12}缺乏。维生素B_{12}基本上只在动物性食物中才有，一些大豆的发酵制品会含有少量维生素B_{12}。

喝水喝不进去，一到下午肚子就特别胀，是什么原因？

喝水也是一种习惯，刚开始可能喝不下2000毫升，慢慢来，不要紧。另外，肚子胀可能是肠道动力不足，有空的时候可以揉揉肚子，并进行适量的有氧运动，比如快走，试一下会不会有所改善。

如果以前吃蔬菜和粗粮比较少，刚刚增加它们的摄入量时，过多的膳食纤维进入肠道后，细菌发酵导致体内产生气体，造成胀气。可以减少主食中粗粮的比例，看看是否有所改善。

按九宫格配餐法吃，没有到午饭就饿了，加餐只喝了一袋牛奶，还能吃其他的零食吗？

如果实在饿得厉害说明食量不够，可以略微增加一些。可按照九宫格配餐法中食物增加的原则操作。

如果只是胃里觉得空，多吃一些圣女果、黄瓜这样的蔬菜就可以了。

按九宫格配餐法吃发生了低血糖，吃了三块巧克力才缓解。这种情况怎么办？

把配餐调整一下，有一些食物可以放在加餐，不要等太饿了再吃东西。

低血糖跟胖瘦无关，跟肝糖原的储备和自身糖异生能力有关。为了避免低血糖的发生，可以随身带着巧克力或者其他糖果，在饿的感觉逐渐升级时可以吃一两块糖。一般不需要吃太多，提升血糖大概十几克糖就够用。

晚上肚子饿怎么办？可以吃一包坚果吗？

肚子饿一般是血糖浓度下降的信号，也就是血糖有点低了，如果只有半小时左右就要睡觉的话不必理会，如果距离入睡时间还有1小时以上或者饿的感觉非常强烈，就需要吃点东西。

血糖低自然需要提升血糖，这时候吃坚果没有用。坚果的营养主要是蛋白质和脂肪，几乎不含碳水化合物，而碳水化合物转化的葡萄糖才是血糖，所以，小小坚果能量高还无法解决肚子饿的问题。少喝点酸奶或者吃点水果就可以解决肚子饿的问题。

下午打球运动量大，可以适当加点水果和奶吗？

运动量大的这一天，在运动之后可以适当增加一些水果和奶的摄入，但是不要增加太多。100克水果的能量为50千卡左右，250克脱脂奶的能量约为80千卡，打羽毛球1小时消耗的能量约为400千卡，吃多了很有可能抵消掉运动消耗的能量，进而影响减脂的速度。

平时吃得少，按食谱吃还增重了，怎么办？

如果的确严格按照食谱吃，没有额外增加食物摄入的话，建议增加运动。

1200千卡的食谱能量并不高，吃得更少可能会影响健康，在减少饮食量上可以操作的空间很小。如果按这个量吃还胖了，那只能增加运动了。另外，还是要回顾一下是否严格按照食谱吃了，比如，是否选择了脱脂牛奶，而不是普通牛奶？用油量是否控制在每天15克（不是每餐）之内？除了食谱中的食物，有没有再吃其他的食物？这些是否都认真做到了？

如果不是的话，第一件要做的事情就是严格按照要求配餐、用餐。

减肥期间需要补充蛋白质粉吗？

九宫格配餐法的基本原则之一就是餐餐都要有蛋白质。如果因为特殊情况某一餐没办法吃到适合的蛋白质食物，这一餐就要补充蛋白质粉，以尽量保证减脂肪不减肌肉。

如果是从增肌的角度考虑，可以补充蛋白质粉，毕竟蛋白质食物还含有脂肪，吃更多的蛋白质食物有摄入能量超标的风险。

乳清蛋白粉增肌的效果很好。如果是纯素食者可以摄入黄豆蛋白粉。

减重期间嘴馋的时候可以吃什么东西解馋？

可以回顾一下第三章"养成吃健康零食的习惯"的相关内容。其实，保持忙碌是最重要的。

另外，切记不要在饿肚子的时候去逛超市或者网购，这个时候大脑已经没有自制力，看什么都好吃，什么都想买，很可能一冲动就买了一堆高能量食物，破坏了减肥计划。

水喝太多合适吗？每天超过3000毫升会不会对肾脏不好？

每天喝3000毫升水对于一个健康的成年人完全没有问题。人体每天的代谢需要大量的水，喝不够水才真的容易出现健康问题。

喝水并不会把肾脏喝坏，所谓的水中毒，喝的水不是一般人想象的量，每天3000毫升还差得很远。

以水煮、白灼的方式烹调食品，调味料怎么加？是不是要以牺牲口感为代价？

将一点点一品鲜酱油和油淋到菜上即可。白灼在广州是非常受欢迎的一种烹调方法，并不是专门为了减肥发明的。白灼菜心就是一道有名的家常菜。

在广东、江浙一带，清淡、少油的家常菜款式非常多，可以在网上搜集一些菜谱，试着做一些特色菜肴，在少油、少盐的同时还可以吃到别样的风味，何乐而不为！

为了减肥，我已经有一段时间不吃主食了，这个方法还管用吗？

如果能一直坚持做到也可以继续，但是目前大部分人都无法坚持不吃主食，最多坚持几个月，很容易半途而废，导致体重反弹，还容易发生暴饮暴食。主食所含的大量淀粉能够提供大量的葡萄糖，是大脑最喜欢的能源，长时间不吃主食很容易引起大脑"不满"，进而影响情绪。减肥期间心情愉悦也很重要，我们应该高高兴兴地减肥，这样才不会因为食物变化而产生强烈的被掠夺感。

如果不小心一顿吃多了应怎样补救，一天两顿怎样合理安排？

不小心吃多了也不用纠结，千万不要责怪自己。

如果多吃的一餐是中餐，晚餐可以少吃或者不吃。

如果多吃的一餐是晚餐，在晚饭结束得早的前提下，可以增加一些身体活动，运动、做家务都可以，把多吃了的能量运动出去，最差也是保持出入平衡，体重不增不减。如果运动得当还有可能消耗得更多一些，那就继续减重，问题完美解决。

如果当天已经无法补救，可以在第二天正餐减少主食的摄入，增加蔬菜量，其他不变。另外，还应增加一些体力活动，比如快走、擦地板等，多消耗一些能量。

现在说的这些食量标准在冬天也是一样吗？

这些饮食量通用于春夏秋冬和女性生理期，也就是说不存在特殊情况，按照一个标准执行就可以了。但是，相比较春、夏、秋三季，冬天的考验要更多一些。因为冬天比较冷的时候身体感知到的信号就是多吃一些，增加脂肪御寒，所以冬天一定要注意保暖，让自己一直保持暖和的状态，想吃东西的感觉就会差一些。

减少油的摄入，对身体有没有影响？一旦恢复以往油的摄入量，肠胃会不会受不了？

完全不用担心这个问题。很多食材中也有脂肪，足够满足人体需求，减少烹调油的摄入量只有好处，没有坏处。

《中国居民膳食指南》中对于烹调油的建议是每人每天摄入25克～30克，可实际上中国人的烹调油摄入量已经达到40多克，很多大城市甚至达到了60多克，严重超标。所以，不要期待恢复到过去的饮食习惯，那些已经对健康造成危害的习惯正是我们要努力改掉的。

另一个有趣的现象是——当习惯了清淡少油的饮食，吃油炸类、烧烤类的高油食物还真是容易拉肚子，可能是我们的肠道也不喜欢油大吧！

能不能一次多做一些米饭，把每餐吃的米饭用保鲜膜包裹后放入冰箱冷冻室慢慢吃？

当然可以！每次制作3天左右的主食，按分量包装好放入冰箱冷藏室或冷冻室，每餐取出一份用微波炉或者蒸锅热透即可。

在生活快节奏的今天，大家的时间都很宝贵，做减肥餐不应该成为生活负担。利用一切技巧加快自己备餐的速度，比如提前一天准备好食材，在周末的时候多制作一些包子、饺子、馒头等冷冻起来，这些都是不错的方法。最主要是三餐可以很快解决，而且自己做的食物在安全、定量、品质等方面都有保障。

食材替换问题

不能喝牛奶，喝完不吸收、肚子胀气，怎么办？

牛奶当中有乳糖，这是哺乳动物特有的一种糖类，奶类里都有，羊奶中所含的乳糖更多。奶类不是我们的传统食物，很多人都有"乳糖不耐受"的问题，也就是乳糖酶不够或者活性不足，消化不了那么多的乳糖。未消化的乳糖会进入大肠，被大肠里的细菌分解和利用，产生气体或者引起肠道壁里的水分反渗透到大肠内，引起腹泻。

解决方案一：经常摄入奶类，慢慢乳糖酶就会被诱导而增加，喝的时间长了，就可能产生足够的乳糖酶消化乳糖，喝奶拉肚子的问题就会得到改善。

解决方案二：改喝酸奶（120克）。酸奶里的乳糖有差不多一半被酸奶里的乳酸菌变成了乳酸，所以很多人喝酸奶并没有相应的症状。

解决方案三：改喝无乳糖牛奶（150克）。无乳糖牛奶是工厂将牛奶中的乳糖进行了预处理，水解成了葡萄糖+半乳糖。不能喝奶的问题迎刃而解。

为什么减肥期间建议喝脱脂牛奶，喝全脂牛奶不行吗？

同等重量的全脂牛奶的能量几乎是脱脂牛奶的两倍。脱脂牛奶跟全脂牛奶的蛋白质和钙的含量差不多，唯一的区别就是脱脂牛奶脱掉了脂肪。100克的全脂牛奶里大概有4克脂肪，250克全脂牛奶中脂肪含量约10克，1克脂肪提供9千卡的能量，10克脂肪可以提供大概90千卡的能量。250克脱脂牛奶相当于减少了90千卡的能量。在需要"克克计较"的减肥期间当然是喝脱脂牛奶比较划算！

有些坚果淀粉含量丰富，如何定量？是否可以代替主食？

大部分的坚果含油量都特别丰富，如花生、瓜子、核桃等，只有少数坚果，如莲子、板栗等含淀粉比较多，它们的能量很接近主食，可以用于替换主食，替换方法为50克大米换100克板栗仁。

如果每天加了杯豆浆，应相应减少什么呢？

减重期间不太建议喝豆浆。并不是豆浆不好，而是减肥食材替换要充分考虑食材的营养价值，最好是高营养密度的食物。豆腐和豆腐干的蛋白质、钙含量都很高，豆浆则不行，所以减肥期间豆制品最好选择豆腐干和豆腐。

假如每天喝豆浆已经是一种习惯，可以相应地减少一些主食，一杯不加糖的豆浆大概要减少50克米饭。

能用腊肉代替新鲜肉吗？

最好不要，因为腊肉是加工肉制品。世界卫生组织的一个下属癌症研究机构在2015年就公布了一项研究结果——加工肉制品致癌，可信等级一级，跟吸烟致癌一样可信。所以，少吃加工肉制品。

动物内脏可以和其他食材替换吗？如果可以，怎么替换？

动物内脏可以跟瘦肉替换。大部分动物内脏和瘦肉都可以按1∶1进行替换，像牛肠、牛百叶（黑）等能量略低的食材可以多换一些，比如50克瘦肉可以换100克牛肠。

每餐主食50克，换成粥的话，小米杂粮用量也是50克吗？

用量相同的情况下，小米做成粥会很多，如果一餐50克小米（干）吃不完的话，可以略微减少一点，剩余的可以放在其他就餐时间。例如，早上吃小米粥，用了30克小米（干），剩下的20克可以换成大米，加到中午的主食当中。

魔芋可以替代主食吗？

不可以。

魔芋除了膳食纤维比较高，其他的营养素含量很少，提供饱腹感没有问题，但如果一直用大量的魔芋填满肚子，身体会感受到被掠夺感，容易引起暴饮暴食，而且长期这样吃很容易营养不良。

豆腐干可以替换成麻辣烫里的油豆腐或者超市里的豆腐干零食吗？

不可以替换。

油豆腐的能量比豆腐干高很多，但是含钙量却只有豆腐干的三分之一左右。

加工类豆制品虽然原材料也是豆腐干，但是因为在制作过程中加入了很多盐以及各种含钠的食品添加剂，钠的营养素参考值经常达到80%以上，是典型的高盐食品。因此，一定要学会看配料表，才能看清食物的真相。大家可以回顾一下食品标签的相关章节内容。

吃鱼虾过敏，有可替代食物吗？

可以换成禽畜肉和豆制品。

如果血脂不高，鱼虾也可以用鸡蛋等蛋类替换。最重要的是，每一餐都要有蛋白质食物，一旦某一餐没有食用蛋白质食物应考虑补充蛋白质粉，确保每餐有蛋白质的供应。

不同人群遇到的减肥问题

哺乳期如何瘦身？

按照九宫格配餐法中哺乳期妈妈的分餐标准配餐，并遵循以下基本原则。

- 主食吃不完可以适当剩下一些。
- 蛋白质食物保证吃够、吃好。
- 蔬菜中一半以上是小油菜、西蓝花、菜心、莜麦菜等绿叶蔬菜。
- 选择橄榄油、核桃油作为烹调油。

泌乳是一个自分泌系统，而且泌乳有优先原则，即优先为泌乳系统提供营养素。所以母乳的质量一般不受饮食的影响，除非妈妈的饮食吃得极差才有可能影响母乳的质量。

泌乳会让哺乳期妈妈每天比普通女性多消耗500千卡左右的能量，所以只要能量控制住，营养搭配合理，减肥效果是非常好的。以上要求九宫格配餐法都可以做到。

备孕期减肥要注意哪些问题？

想要孕育一个健康聪明的宝宝，先要调整好身体状态，就像想要种出好庄稼先要整理好土地的道理一样。所以，建议减重之后再备孕。如果认真避孕，可以按照1200千卡的食谱吃。

如果没有进行避孕，则意味着随时可能怀孕。减重过程中食量减少，即便很认真搭配营养，吃得很全面，也有可能出现微量营养素缺乏的问题，这个时候意外怀孕可能会影响胚胎质量。从优生优育的角度考虑，应按照1500千卡的食谱吃。当然，使用1500千卡食谱减肥的话减重速度会变慢，但能量和营养素更充足，利大于弊。

初中生减肥和成人标准一样吗？

初中生属于未成年人，而且正处在青春期，是身高发育的第二个高峰期，所需要的能量以及营养素都要比普通成年人高。为了避免影响孩子身体发育，减肥需要个性化指导，不能简单地使用成年人的减肥方法。

健康的饮食习惯会一定程度上影响孩子的体重，比如先吃蔬菜后吃主食的进餐顺序，多喝水，学会看食品标签等。帮孩子养成健康的饮食习惯也是"曲线救国"的方法。

更年期如何减肥？

跟普通女性大致相同。需要注意的是，由于更年期雌激素水平突然下降，很容易造成骨质疏松，需要格外补充充足的钙和维生素D。另外，豆制品可以换成豆浆，但每天喝豆浆时不要额外加糖。

做一些适量的负重运动以增加骨密度。如果已经存在骨质疏松的问题，需要在专业医生的指导下进行治疗。

酸性体质怎么减肥？

不存在酸性体质。

血液的pH值是非常稳定的，为7.35～7.45，呈弱碱性。稳定的pH值环境是人体正常工作的前提。

酸碱理论诞生多年来，国内外众多科学家、医生、科普工作者一直在辟谣，解释这是一个骗局，但始终收效甚微。直到2018年11月2日，在美国，酸碱体质学说的创始人被判罚1.05亿美元赔偿给一位癌症患者的消息轰动世界，真相才逐渐被人们接受。这位创始人不是什么微生物学家、血液病学家，也没有行医资质，甚至没有进行过任何科学训练，连最简单的研究工作都没有从事过。所谓酸碱体质的理论不过是其自圆其说。谎言终究是谎言，相信有了这个前车之鉴，"后来者"应该会有所收敛。

只能在学校食堂吃饭的学生很难按照九宫格配餐法吃，该如何减肥？

如果是学生，除了学会九宫格配餐原则，还要学会对食物估重，在食堂打饭的时候要适量。为了避免浪费，最好跟同学一起吃，只吃自己合适的分量。特别油的菜肴可以用水涮一涮。杂粮粉冲泡的杂粮米糊可以作为早餐的主食，以解决日常饮食中粗粮不足的问题。

脂肪肝患者如何调整饮食？

肝脏可以合成脂肪，但并不储存脂肪，脂肪在肝脏内的异常堆积就成了脂肪肝。脂肪肝有酒精性脂肪肝和非酒精性脂肪肝，酒精性脂肪肝的解决方案比较简单，就是戒酒；非酒精性脂肪肝就复杂一些，需要控制饮食，增加运动。脂肪肝是一种可逆的疾病，也就是说有完全康复的可能。

首先说说运动，其实并不需要很复杂的运动，有氧运动即可，哪怕走路都可以。

其次，饮食方面除了要少吃油，总的能量摄入也需要控制，特别是需要减少一定量的主食。主食需要减少三分之一，并且剩下的主食也要粗细搭配，粗粮应占到主食的三分之一。每餐的蔬菜至少要达到主食数量的两倍。

其实，这些方案都是为了减肥，把肚子上的肉减下来，肝脏也会减负。

饮食习惯减肥法适合男性吗？

男性要按照1500千卡的食谱吃。

回顾一下九宫格配餐法的内容，男性需要使用1500千卡的配餐表。男性相对应酬较多，在减重过程中一定要记住外出就餐的注意事项和90分清单。男性一旦突破外出就餐就长肉的魔咒，减肥就很容易成功了。

运动问题汇总

运动之后需要补充蛋白质粉吗？

以下情况可以适量补充蛋白质粉。

1.进行力量练习后

力量练习后可以补充10克左右蛋白质粉，为肌肉的恢复和过度修复（增肌）提供原材料。如果平时摄入的蛋白质不足，运动之后不但无法增肌，还可能会减少肌肉比例。

2.增龄性肌肉减少

肌肉随着年龄的增长逐渐衰减是一个趋势。随着年龄的增长，肌肉比例减少，脂肪比例上升是很难避免的，因此即使没有运动，也应该适量补充蛋白质粉，通过补充可以减缓肌肉衰减的速度。

如果吃的食物热量超标，增加同等热量的运动可以吗？

吃动平衡是最基本的能量法则。吃得多了就多运动一下，运动多了自然也可以多吃一点点。只不过，相比辛辛苦苦运动消耗的能量，饮食可以让我们快速获取能量。例如，一根100克的油条大概400千卡左右，差不多要走13500步，也就是大概要走10公里，差不多快走2小时才能消耗掉，而吃掉一根油条绝对超不过5分钟。这下你应该知道怎么选择了吧！

没有时间运动，能瘦身吗？

"七分吃，三分练"，可见在瘦身这件事情上吃是最重要的。

没时间运动，靠饮食搭配也是可以瘦的，但在减肥的过程中会损失一些肌肉。这有点得不偿失，毕竟我们希望瘦得健康，瘦得漂亮。所以适量运动，保持肌肉量对减肥来说也很重要。

运动不一定需要大块的时间，如果没有时间走路可以跳跳绳、做做俯卧撑，这些都是耗时少的运动项目。利用碎片时间慢慢积累，同样也可以达到运动的目的。

游泳、瑜伽是不是比较减脂的运动？

游泳属于有氧运动，是比较减脂的。正常情况下，低强度的有氧运动以消耗脂肪为主，低强度、长时间的有氧运动，消耗脂肪的效果最好。

瑜伽是一种柔韧性运动，它有不同类型，整体上对于增强人体的柔韧性效果比较好。但瑜伽需要在专业的教练指导下进行，避免一些动作不规范引起运动损伤。

怎样才能减掉手臂、肩、背、臀部及大腿的赘肉？

局部减肥不存在，减脂是全身脂肪均匀减少的结果，只能是全身瘦的情况下手臂、肩、背、臀部和大腿的赘肉才能减少。但是，局部塑型是存在的。可在专业教练的指导下做相应部位的力量练习，通过增加肌肉量塑造手臂和大腿的维度，这样人会看起来比较有型。

体脂秤显示蛋白质含量偏低，鱼、虾、豆腐类食物多吃点行不行？

体脂秤的工作原理是利用微弱电流通过人体时产生的电阻来进行各项数值的推算。既然是推算，结果也可能不太准确，因此不必过于纠结。不过，没有运动习惯的人确实容易出现这样的结果，这也侧面反映出不爱运动的人肌肉含量偏少。另外，蛋白质含量低也意味着基础代谢低，跟蛋白质含量高的人相比，蛋白质含量低的人更容易胖。

要使蛋白质在身体里留存，多吃鱼、虾、豆腐效果不会太明显，最简单的方法是多进行肌肉练习，肌肉含量增加，自然蛋白质含量也就增加了。

瘦了之后，最明显的变化是胳膊出现了"拜拜肉"，该怎么办呢？

赶紧动起来！

皮肤下面挨着的就是厚厚的脂肪层，通过减肥减掉这些脂肪并不难，但是皮肤并不能那么快收紧，所以，最好通过力量练习增加肌肉，把减掉的脂肪空间用肌肉填补，把皮肤撑起来，"拜拜肉"就不见了。

另外，最重要的还是放缓减重的速度，减得太快，皮肤收不回去也是有可能的，那就需要借助医美手段才能解决了。

食材问题汇总

脱脂奶粉有没有营养？

奶粉是将鲜奶除去水分后制成粉末，它适合保存，并便于携带。脱脂奶粉跟脱脂奶一样，将脂肪脱掉，大部分的水分去掉，所以脱脂奶粉跟脱脂奶的成分基本相同，可以互相替换。大约25克的脱脂奶粉就可以冲出250克的脱脂奶。脱脂奶粉的加工过程中会有一些维生素的损失，不过有些产品又进行了营养素的添加，强化了营养，所以不必过于担心。

食材脱水后能量会变高吗？比如炖牛肉，或把炖的牛肉烘干后食用。

是的。因为水分是不含能量的，脱水之后相当于原有能量及营养素浓缩了。例如，原来100克的食物里有80克水，水分被脱掉大部分之后，剩下的食物重量不足100克，可能只有30克了，那么再按照100克来吃的话，实际上吃了原来3倍多的量，能量自然就变高了。

以牛肉为例，牛肉50克=35克酱牛肉=10克牛肉干，重量不同的情况下它们的能量是相等的。

鸡蛋、鸭蛋的营养价值一样吗？咸鸭蛋可以吃吗？

鸡蛋、鸭蛋可以按1∶1比例替换。咸鸭蛋可以吃，但只能偶尔吃。咸鸭蛋的盐分太高，一个咸鸭蛋差不多含有3克多的盐，已经超过我们全天用盐量的一半。减肥期间也要控制盐摄入，避免摄入过多的盐引发水肿。另外，高盐饮食对血压的影响也很大，患有高血压的肥胖者就不要选择咸鸭蛋这类食材了。

黑木耳泡发后怎么计算能量？

黑木耳泡发前后的比例大概是1∶10，也就是说10克的干木耳能泡发出100克的湿木耳。泡发之后的木耳能量很低，一般按照泡发后的称重就可以，不用特别精准。

木耳建议用凉水泡发，这样泡发出的木耳比较爽脆。虽然热水泡发的速度更快，但泡发出来的木耳口感发黏，没有冷水泡发的口感好。

等量的冷饭和热饭热量有区别吗？

米饭放凉了之后有"老化回生"的过程，一部分淀粉变成抗性淀粉，抗性淀粉不能被人体充分消化，所以冷饭肯定比热饭的吸收率差一些。但是，不要追求这种差异，没有任何意义，毕竟我们不可能一辈子吃冷饭。与其关注这些细节，不如思考一下远离哪些食物对减重更有效。

广东的老火靓汤热量多吗？可以喝汤吗？

老火靓汤的能量没有办法计算。如果有饭前喝汤的习惯，也不一定非要改掉，可以选择喝一些少油的汤。

喝汤这个习惯经常会跟痛风这种慢性疾病联系到一起。动物性食物大都含有大量嘌呤（个别除外），而嘌呤是溶于水的，食材烹制之后嘌呤都在汤里，肉汤和菌汤里往往含有大量嘌呤。嘌呤被人体代谢后的产物是尿酸，尿酸在身体里有一定的溶解度，达到一定浓度之后就是高尿酸，有5%～12%的高尿酸会转化成痛风。广东地区一直是痛风高发区，跟爱喝汤这个习惯不无关系。

莲藕是薯类还是蔬菜？如何配餐？

莲藕是蔬菜，但是减重期间应被视作主食，吃莲藕就要减少相应量的米饭（是米饭的量，不是大米的量）。

每100克藕的能量为47千卡，约是普通蔬菜能量的2倍，虽然跟主食的能量相比还有点差距，但是藕的口感粉糯，很多人都可以吃很多。另外，用藕制作的美食经常加糖、蜂蜜、主食（如糯米莲藕就用到了糯米），以及采用油炸的烹饪方式，能量很容易超标。如果作为主食吃可控性会高一些。

甜玉米和糯玉米的热量一样吗？

这两类玉米的能量差不太多。甜玉米虽然味道很甜，但是水分含量比糯玉米高，能量反倒略低一些，只是饱腹感略差；糯玉米水分含量少，淀粉含量更高，能量也更高一些，饱腹感相对也强一些。如果吃350克糯玉米（带棒），一根玉米足够了，如果吃甜玉米，考虑到能量和饱腹感，可以略微多吃一些，或者留一部分吃不完的用来加餐。

虽然将米饭替换成玉米可以多吃一些，但也不要顿顿吃玉米。玉米的蛋白质含量略低，考虑到吃好蛋白质是饮食健康的基本原则，还是把它当作食物多样化的一部分，经常替换各种主食才好。

咸萝卜干可以吃吗？

不要吃。咸菜只需要一点点就可以吃很多主食，会导致蔬菜的摄入量不够。另外，咸菜的营养也很差，在腌制的过程中丢失了大量维生素，同时增加了大量的盐，既高盐又低营养，还是少吃为好。咸菜是过去没有新鲜蔬菜的时候，不得已采用的一种食物储存方法，现在生活条件这么好，新鲜蔬菜很多，不必总是吃咸菜。

夏天了，多吃点儿凉的食物可以吗？比如，凉皮就是我夏天的最爱。可以喝冷饮吗？

凉皮可以作为主食吃，但营养很差。凉皮本身能量不高，但是拌凉皮会加入大量的芝麻酱，芝麻酱的能量很高。所以尽量少吃。

冷饮不能喝。爱喝饮料真的没办法减肥。可以自己在家用酸奶制作一些雪糕或者冰激凌，能量得以控制，还解暑。实在想解馋，偶尔可以买不含糖的碳酸饮料，但碳酸饮料+无糖并不代表健康。目前对代糖是否影响减肥效果尚无定论，但从健康角度出发，还是少喝为妙。

冷冻的鱼类、海鲜和新鲜的鱼类营养素差别如何？

现在大型远洋捕捞的船上基本都有一种速冻技术，在速冻的情况下海产品的营养素损失并不大。但是冷冻的时间长了就不同了。在冷冻的条件下，脂肪会在脂肪酶的作用下缓慢发生氧化，口感和营养素都会逐渐损失。所以靠谱的购买渠道很重要。

有些水产品就是要冷冻的，冷冻的过程也是杀菌的过程，对食品安全有好处。

有些鱼类可以养殖，这样的鱼冷冻之后跟新鲜的在某种程度上没有可比性。

炖得很白的骨头汤含钙量高吗？可以代替牛奶吗？

炖成奶白色的骨头汤、鱼汤跟钙没什么关系，主要是脂肪的功劳。

钙大部分是以结合的形式储存在骨头里的，很难从骨头中游离出来。曾经有人做过这样一个实验：用猪排骨500克，加入水和醋（传说醋会使钙容易溶出）熬制70分钟，得到的骨头汤中仅仅含钙29毫克，而这个钙含量不过是一口奶中的钙含量而已。骨头汤不能补钙，即使加醋熬骨头汤也没用。

所有的肉汤、骨头汤钙含量都不高，摄入的脂肪倒是很稳定。

水果到底什么时候吃好？

民间一直流传着水果早上是"金果"，中午是"银果"，晚上是"铜果"的说法。实际上，只要胃没有问题，什么时间吃水果都是可以的。减重期间，我们比较推荐在两餐之间，或者下顿饭即将开始之前吃水果。

减重期间对水果的摄入量有要求，每天100克左右，大概是一个猕猴桃大小。这么少的量一天只能吃一次，如果一天吃两次以上的水果，哪怕每次看起来不多，但也超标了。

不认识的食材，怎么知道它的能量呢？

大家可以按照大概的特点进行归类。

蔬菜就有100多种，不可能记住每一种食材的能量，大体上差不多就可以。如果想知道更精准的信息，可以下载一个能查询详细的食材能量及营养素含量的App。但需要注意，查询生的食物和有食品标签的食物数据会相对准确，但查询菜肴的能量不会太精准，因为同一道菜，100个人很可能有100种不同能量的做法。

减重期能吃辣的吗？

要小心，辣味容易促进食欲，可能导致吃进更多的主食。

如果是无辣不欢，但可以控制饮食量，吃点儿辣没有问题。吃辣味食物时辣味的来源需引起注意，干辣椒、尖椒、胡椒粉、黑胡椒、咖喱粉等能量都不高，辣椒油、麻油就要小心了，只要含有油脂的都要计算在全天能量摄入中。像水煮鱼、辣子鸡丁、回锅肉这些既辣又高油的菜肴要尽量少吃。

减重期间能煮红豆薏米水喝吗？红豆、薏米能当主食吃吗？

可以喝红豆薏米水。如果只是喝了红豆薏米煮的水，只计算饮水量就可以。如果把红豆、薏米吃了，就应计算进主食的能量。红豆、薏米都可以按照1∶1跟大米进行替换。

附 7天简易减重食谱

第1天

餐次	序号	名称	主要原料	调味料
早餐	1	水煮鸡蛋	鸡蛋1个	全天15克烹调油、5克盐
早餐	2	红米粥	大米40克、红米10克	
早餐	3	白灼菜心	菜心100克	
加餐	4	脱脂奶	脱脂牛奶250克	
午餐	5	彩虹米饭	大米30克、玉米糙10克、藜麦10克	
午餐	6	炒双花	里脊肉50克、西蓝花100克、有机菜花100克	
午餐	7	白灼大虾	200克（带壳）	
加餐	8	苹果	苹果100克，或中等大小的苹果半个	
晚餐	9	花卷	花卷80克（拳头大小）	
晚餐	10	金针番茄豆腐煲	豆腐65克、西红柿60克、金针菇20克	
晚餐	11	蒜蓉茼蒿	茼蒿120克	

第2天

餐次	序号	名称	主要原料	调味料	备注
早餐	1	牛奶燕麦水果杯	牛奶150克、燕麦30克、香蕉30克、草莓50克	全天15克烹调油、5克盐	牛奶燕麦水果杯制作方法：150克牛奶用微波炉加热40秒，之后加入30克的即食燕麦片，让燕麦片充分浸泡在奶里，10分钟左右把草莓丁和香蕉丁放入杯中，几分钟之后，让燕麦充分吸收水分就可以吃了。
早餐	2	煎鸡蛋	鸡蛋1个		
加餐	3	圣女果	100克（10个）		
午餐	4	红米饭	大米30克、红米20克		
午餐	5	彩椒牛柳	红彩椒、黄彩椒各70克、牛柳50克		
午餐	6	芹菜拌豆干	芹菜60克、豆干50克		
晚餐	7	小白菜魔芋蚬子面	挂面50克、小白菜100克、魔芋结100克、蚬子200克（带壳）		

第3天

餐次	序号	名称	主要原料	调味料	备注
早餐	1	太阳花吐司	鸡蛋1个、糖5克、淀粉5克、大吐司（切片）1片	全天15克烹调油、5克盐	太阳花土司制作方法：把鸡蛋黄分离出来备用。用筷子或者打蛋器打发蛋清，打发至鸡蛋液变成如奶油般顺滑细腻，泡沫也变得细小时，加5克糖和3克玉米淀粉，继续打发一下，然后放在锡纸或者盘子上，摆出花朵的形状，最后把鸡蛋黄放在花朵中央。放入烤箱，大火烤7分钟即可。
	2	圣女果	100克（10个）		
加餐	3	脱脂牛奶	脱脂牛奶250克		
午餐	4	红薯	200克（拳头大小）		
	5	莴笋炒肉	莴笋100克、瘦肉丝50克		
	6	青椒豆腐干	青椒100克、豆腐干50克		
加餐	7	苹果	苹果100克，或中等大小的苹果半个		
晚餐	8	二米饭	大米30克、小米20克		
	9	小油菜香菇虾仁	小油菜160克、香菇40克、虾仁100克		

第4天

餐次	序号	名称	主要原料	调味料	备注
早餐	1	香蕉松饼	面粉50克、鸡蛋1个、牛奶50克、香蕉50克	全天15克烹调油、5克盐	香蕉松饼制作方法：将熟透的香蕉切薄片，捣成香蕉泥，之后打入鸡蛋，加入牛奶，一起搅拌，最后加入面粉，注意要慢慢地以"Z"字形搅拌，呈半流动状的时候就可以了。用不粘锅（不用油）煎熟即可。
	2	煎芦笋	芦笋100克		
加餐	3	牛奶	牛奶100克		
午餐	4	杂粮饭	各种杂粮50克		
	5	酱牛肉	70克（手掌心大小）		
	6	清炒莴笋	莴笋200克		
加餐	7	草莓	草莓150克，或大个草莓5个		
晚餐	8	西蓝花三文鱼意面	意面50克、三文鱼50克、西蓝花200克		

第5天

餐次	序号	名称	主要原料	调味料
早餐	1	蒸双薯	紫薯100克、红薯100克	全天15克烹调油、5克盐
	2	菠菜拌豆干	豆干50克、菠菜100克	
加餐	3	脱脂奶	脱脂牛奶250克	
午餐	4	彩虹米饭	大米30克、玉米楂10克、藜麦10克	
	5	蚝油煎鸡胸肉	鸡胸肉140克	
	6	田园蔬菜沙拉	红生菜20克、苦菊20克、生菜20克、红椒丁20克、圣女果40克	
加餐	7	猕猴桃	1个	
晚餐	8	西红柿鸡蛋面	鸡蛋1个、西红柿200克、挂面50克	

第6天

餐次	序号	名称	主要原料	调味料
早餐	1	西红柿疙瘩汤	西红柿100克、鸡蛋1个、小麦粉50克	全天15克烹调油、5克盐
加餐	2	脱脂牛奶	脱脂牛奶250克	
午餐	3	杂粮饭	大米和各种杂粮共50克	
	4	鸡腿菇炒肉丝	鸡腿菇100克、里脊肉50克	
	5	蒜蓉芥蓝	芥蓝100克	
加餐	6	樱桃	100克	
晚餐	7	燕麦红米饭	大米30克、燕麦10克、红米10克	
	8	凉拌双花	西蓝花50克、有机菜花50克	
	9	煎芦笋	芦笋100克	
	10	清煎鳕鱼	鳕鱼100克	

第7天

餐次	序号	名称	主要原料	调味料
早餐	1	鸡蛋羹	鸡蛋1个	全天15克烹调油、5克盐
	2	杂粮粥	大米和各种杂粮50克	
	3	白灼菜心	菜心100克	
加餐	4	脱脂奶	脱脂牛奶250克	
午餐	5	黑米饭	大米40克、黑米10克	
	6	黄瓜炒肉	黄瓜100克、里脊肉50克	
	7	西蓝花炒虾仁	西蓝花100克、虾仁50克	
加餐	8	哈密瓜	哈密瓜150克	
晚餐	9	馒头	馒头80克	
	10	韭菜豆腐干	韭菜100克、豆腐干75克	
	11	西芹炒木耳	西芹70克、湿木耳20克、胡萝卜10克	

参考文献

[1]中国营养学会编著：《中国肥胖预防和控制蓝皮书》，北京大学医学出版社，2019年。

[2]中国超重/肥胖医学营养治疗专家共识编写委员会编著：《中国超重/肥胖医学营养治疗专家共识（2016年版）》，中华糖尿病杂志；2016年9月第8卷第9期。

[3]世界卫生组织发布：《成人和儿童糖摄入量指南》，2015年。https://www.who.int/nutrition/publications/guidelines/sugars_intake/zh/

[4]中国营养学会编著：《中国居民膳食指南2016》，人民卫生出版社，2016年。

[5]中华人民共和国国家卫生和健康委员会发布：《中国居民营养与慢性病状况报告》，2015年。http://www.nhc.gov.cn/jkj/s5879/201506/4505528e65f3460fb88685081ff158a2.shtml

[6]中国疾病预防控制中心营养与健康所编著：《中国食物成分表标准版》第六版/第一册，北京大学医学出版社，2018年。

[7]中国疾病预防控制中心营养与健康所编著：《中国食物成分表标准版》第六版/第二册，北京大学医学出版社，2019年。

[8]耶尔·阿德勒著，刘立译：《皮肤的秘密》，东方出版社，

2019年。

[9]肖恩·史蒂文森著，陈亚萍译：《这本书能让你睡得好》，湖南文艺出版社，2017年。

[10]国家体育总局著：《全民健身指南》，北京体育大学出版社，2019年。

[11]伊芙琳·特里弗雷等著，柯欢欢译：《减肥不是挨饿，而是与食物合作》，北京联合出版有限公司，2017年。

[12]中华人民共和国国家卫生和健康委员会发布：《高血压患者膳食指导WST 430-2013》，2013年。http://so.kaipuyun.cn/s?token=1938&siteCode=bm24000006&qt=%E9%AB%98%E8%A1%80%E5%8E%8B%E6%82%A3%E8%80%85%E8%86%B3%E9%A3%9F%E6%8C%87%E5%AF%BC&button=